JN028242

手作りで電波を楽しむスタート・ライン！

AM/FMラジオ＆
トランスミッタの製作集

トランジスタ技術編集部 編

CQ出版社

はじめに

　ラジオ放送はインターネット経由でも聴取できる時代になりましたが，ほとんどの人は空を飛び交っている電波をラジオで受信して聴いていることと思います．昭和のはじめのころ，一般家庭に普及した最初の電子機器がラジオだと言われています．ラジオ放送が開始されてから100年近く経過しましたが，その基本はほとんど変わっていません．時代は進んでも，電波を直接受信するラジオが世の中からなくなることは決してないでしょう．

　電子工作ファンの間では，ラジオの製作がひとつのジャンルとして確立しています．製作物が実用的である，多数のキットがリリースされている，製作例が多数公開されているなどがその理由と思われます．長い歴史があるラジオだからこそ，先人たちの製作ノウハウが多数存在しています．チャレンジしやすい電子工作として，ラジオの製作はお勧めです．

　本書では，製作の難易度が低いシンプルなラジオから製作難易度は上がるものの高性能な本格的なラジオ，最新のSDR（ソフトウェア・ラジオ）まで，さまざまな種類のラジオの製作例を紹介しています．併せて，ラジオ用のプリアンプやラジオ放送帯を利用する微弱出力送信機（トランスミッタ）の製作例も掲載しています．

　電波を楽しむ入り口として，本書をご活用ください．

トランジスタ技術編集部

AM/FMラジオ＆トランスミッタの製作集
目　次

3

本書は『トランジスタ技術』2014年8月号，2015年10月号，2017年
12月号，2018年10月号に掲載の記事に加筆・再編集したものです．

初出一覧
第1部　第1章～第9章
　　　　『トランジスタ技術』2014年8月号
　　　　第10章
　　　　『トランジスタ技術』2015年10月号
第2部　『トランジスタ技術』2018年10月号
第3部　『トランジスタ技術』2017年12月号
第4部　『トランジスタ技術』2017年12月号

世界中から飛んでくる信号を捕まえる

ワンチップ・ラジオICで味わう
電波のサイエンス

● ラジオは誰でも作れる時代になっている！

　私たちの目の前には，24時間四六時中，数十〜数百km彼方の何十〜何千，何万という放送局が発射した，とても微弱で周波数の高い電気信号，つまり電波が飛び交っています．

　この無数の電気信号の中から，キャッチしたいチャネル（周波数）を取り出して音として再生するためには，「高周波増幅」「フィルタリング」「周波数変換」「電力増幅」など，エレクトロニクスの基礎技術のすべてを必要とします．技術レベルはとても高度なので手作りするのは困難．ラジオを作れることは，技術者にとってひとつの登竜門でした．

　ポータブル・ラジオは昔からありますし，最近ではiPodやスマホなどの手のひらサイズの小さな携帯機器の中に，さりげなくラジオ再生できる機能を内蔵したものもあります．それらのおかげで，ラジオ製作にぴったりの魅力的なワンチップ・ラジオICが巷に出回っています．さらには，最新のディジタル・タイプも手に入るようになりました．

　第1部では，秋葉原などの街の電気屋さんやインターネットで入手できるワンチップ・ラジオIC（**写真1**）とブレッドボード（**写真2**）を使って，高性能で簡単で確実に動く，今どきラジオ製作に挑戦します．

初出：『トランジスタ技術』2014年8月号

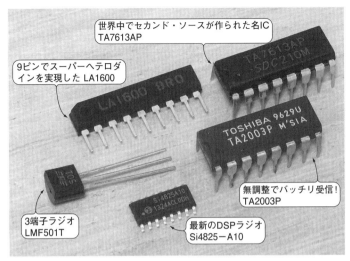

写真1 入手しやすいラジオ用IC

世界中でセカンド・ソースが作られた名IC
TA7613AP

9ピンでスーパーヘテロダインを実現した LA1600

TOSHIBA 9629U
TA2003P M'SIA

無調整でバッチリ受信！
TA2003P

3端子ラジオ
LMF501T

最新のDSPラジオ
Si4825-A10

今どきのラジオ作りは「簡単，確実，高性能」

● 進化した再生用ワンチップICが巷に出回っている

　過去にはたくさんのラジオ用部品が作られてきましたが，時代とともにその多くは姿を消しています．そのため，昔の工作本に載っているラジオを再現しようとしても，入手困難な部品（**写真3**）に突き当たります．昔は当たり前だった部品も，今では希少品になっていて，製作をあきらめてしまうかもしれません．

　そこで本稿では，特別なラジオ用部品を使わなくても製作できるラジオを目指します．もちろん，手持ちの部品を工夫して活用していただいても結構です．

　東京・秋葉原や大阪・日本橋に出かけられなくても，通信販売で入手して製作できることを重視しました．

　ICはラジオ専用品を使うので，少ない部品数で作れます．製作

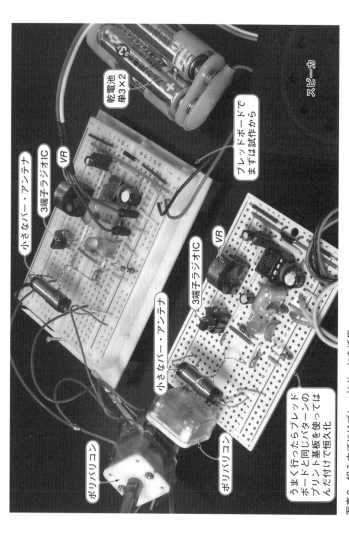

乾電池
単3×2

ブレッドボードで
まずは試作から

スピーカ

小さなバー・アンテナ

3端子ラジオIC

VR

3端子ラジオIC

VR

小さなバー・アンテナ

ポリバリコン

ポリバリコン

うまく行ったらブレッド
ボードと同じパターンの
プリント基板を使っては
んだ付けで恒久化

写真2 組み立てにはブレッドボードを活用
ブレッドボードで試作後,同じパターンの基板で完成品に仕上げる

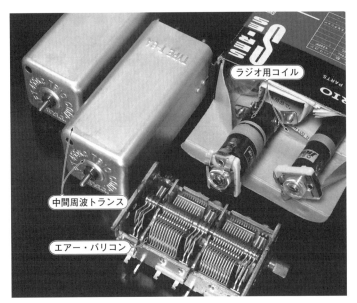

写真3　レトロなラジオ用部品

例で扱ったラジオ用ICは，なるべく互換品がある物を選んでいます．互換品ごとの違いが現れにくいように考えているので，どれかが手に入れば同じように作れます．

● ブレッドボードでも手軽に確実に作れる

電子回路を作っても，動かなかった経験はありませんか？　せっかくならちゃんと動かしたいですよね．でも，作る人の経験の違いによっては，絶対に動作するとの約束はできません．再現しやすい製作例がある一方で，落とし穴の多い製作例も存在します．

そこで，アナログ・ラジオの製作編第5章～第9章の製作例では，できるだけ「再現性」を心がけました．専用ICを使ったのも，そのひとつです．部品が少なく簡単に製作できるラジオからチャレンジするのも良いでしょう．

はんだ付けに自信がないなら，ブレッドボードで作る手があります．まずは部品を集めて，ブレッドボードに向かってみるのが良いと思います．配線の変更や修正は容易ですから，手軽に始められます．

そしてブレッドボードでうまく作れたら，同じプリントパターンの基板に移植してはんだ付けすれば，間違いないでしょう（**写真2**）．

● 特徴を持つ5つのラジオ用ICを紹介

写真1に示す，入手が容易な5種類のラジオ用ICチップを取り上げます．シンプルなストレート・ラジオとして3端子ラジオ，高性能なスーパーヘテロダイン方式のラジオとしてLA1600，TA2003P，TA7613APの3種，最新技術のDSPラジオとしてSi4825-A10を選んでみました．

ラジオ作りに必要な要素と言えば「技術」，「知識」，「情報」でしょう．長い歴史があるラジオには，いろいろな方式があります．レトロな真空管式から最新のDSP式まで，また簡単なゲルマニウム・ラジオから複雑で高性能を目指す高級受信機まで，千差万別です．それぞれに使われる電子技術も電子デバイスもさまざまです．

ラジオの「技術」分野には多数の良書が存在するので，本稿では必要最低限の範囲にとどめています．今の時代にラジオを作るために必要な「知識」と「情報」を提供します．

● 帯域と放送方式に合ったラジオを作る

ラジオは，それぞれの周波数帯と電波型式に合わせて作る必要があります．今はそれ専用のICがあり，個別のトランジスタで作っていた時代よりも，製作ははるかに容易です．

とは言っても，100 MHz弱のVHF帯を扱うFMラジオをまと

もに作るには，専用の高周波用測定器が必要です．FMラジオは，そのような測定器がなくても製作できるDSPラジオで扱うことにしました．従って，アナログ・ラジオの製作編第5章〜第9章で紹介する製作例の大半は，AMラジオです．

　基本的なラジオの仕組みを取り上げたあと，ラジオ特有の部品を説明します．今はラジオ専用のICを使って製作する例が多くなっています．入手が容易で扱いやすそうなICを選び，それぞれ試作してみました．

ラジオの歴史

● 一般家庭に入った最初の電子機器

　電気は灯りとして電灯から家庭に普及しました．今でも電灯線と呼ばれる理由です．一般家庭にとっては，電気とは灯りのためのものでした．

　電子デバイスを使った「電子機器」として，一般家庭に初めて入ったのがラジオです．最初は，電力の要らない鉱石ラジオ（ゲルマ・ラジオの祖先）でした．

　真空管の工業化により，真空管式ラジオが登場します．しかし，最初は電池を電源にしていました．やがて，電灯線を電源にしたエリミネータ式ラジオへと発展します．

　その後，半導体の発明と進歩により，ラジオは再び電池を電源にする電子機器に戻っています．

● ラジオの歴史は電子デバイスの歴史

▶古くは真空管の時代から…

　電子デバイスの進歩は，ラジオを抜きには考えられません．真空管の改良は，ラジオの改良として共に歩みました．

　写真4に示すのは，ラジオ用真空管の発展を牽引したRCA社

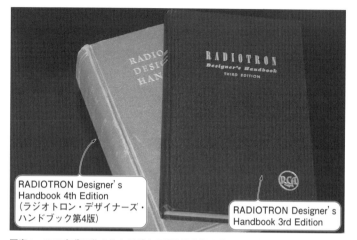

写真4　1950年代に作られたラジオの設計法を集大成した書籍
米国のRCA社がラジオの設計に関する膨大な資料を収集し解説している．第4版はその最終版で1500ページもある膨大なもの．電子版がネット上で手に入る

がラジオの設計を指南したハンドブックです．その集大成とも言える第4版（1953年）は，1500ページにも及ぶ膨大なものでした．真空管の使い方を軸に，ラジオ技術を集大成したものになっています．1950年代には真空管が十分完成されたデバイスであったことをうかがわせます．

▶トランジスタの進歩もラジオと共に

　トランジスタは，電話中継器のメンテナンス（真空管の交換）の省力化を目的に研究開発されましたが，すぐに家電品への利用に目が向けられました．1947年当時の家庭用電子機器と言えば，真っ先に思い浮かぶのはラジオでした．

　トランジスタが実用化された最初の製品はカー・ラジオでした．しかし，トランジスタは高周波回路用ではなく，低周波の出力アンプ用でした．まだ周波数特性が良くなかったので，トランジスタだけではラジオを作れなかったのです．

　やがて高周波化が進み，全トランジスタ式のラジオが開発され

ます．トランジスタ式ポータブル・ラジオの登場です．

トランジスタ・ラジオは，周波数が低い中波（AM）だけの製品から始まり，より周波数の高い短波帯をカバーできるものが生まれ，さらにVHF帯のFM放送まで受信できるようになって，ラジオ用トランジスタのニーズは満たされます．

半導体デバイスの発展も，ラジオの性能向上と一体でした（**写真5**）．

▶集積回路（IC）の時代もラジオは生きている

IC（集積回路，Integrated Circuit）も，ラジオと無縁ではありません．コンピュータや宇宙開発を目的に登場したICも，民生品分野へ進出して行きます．最初は補聴器とラジオからでした．

ラジオのトランジスタ化は進んでいましたが，安価で高性能な

初期のトランジスタ：2T8型（ソニー）
6石トランジスタ・ラジオに使われていた．1960年代

超高周波用シリコン・ゲルマ・トランジスタ：2SC5761（ルネサスエレクトロニクス）
2000年代

真空管：6BD6
5球スーパーに使われていた．1940年代

完成されたトランジスタ：2SC1815（東芝）．あらゆる用途に使われる近代的なトランジスタ．1970年代

写真5　真空管，初期のトランジスタ，今のトランジスタ

ラジオのニーズは旺盛でした．テープ・レコーダと組み合わせた
ラジカセや，家庭用オーディオ機器のブームもあって，小型化，
調整の簡略化，信頼性の向上を目的にICは発展していきます．

　ラジオの基本技術はすでに十分成熟していますが，その発展の
成果としてのラジオ用デバイスは，今でも盛んに生産されていま
す．ラジオには長い歴史がありますが，安くて良く鳴るラジオの
追求は今も続いています．

ラジオ放送で主流の2方式　AMとFM

　ラジオ放送を大きく2つに分けると，AM放送とFM放送があ
ります．音声や音楽をディジタル・コード化して送るディジタ
ル・ラジオ放送も登場していますが，主流はいまでもAMとFM
です．それぞれの仕組みと特徴を簡単におさらいしておきましょ
う．

● AM放送とは

　1930年代から始まったAM放送は，簡単な仕組みのラジオでも
受信できることから，災害時の情報伝達用として今でも有効な手
段と考えられています．ディジタル時代になっても，そのまま継
続されることになりました．

　AM放送で使っているAM方式は，音声の変化を電波の強さの
変化として載せる方式です．図1に示すように，マイクロホンか
ら入力された音声信号で，搬送波（電波のもと）の振幅を変えます．
この作用を変調と呼び，AMラジオは振幅変調（AM：Amplitude
Modulation）された電波から，元の音声を取り出す（復調という）
電子機器です．

　日本では，531k〜1602kHzの中波（MF）帯域を使ったラジオ放
送をAM放送と呼んでいますが，もう少し周波数の高い短波

(HF)帯を使った短波放送も，AM変調を使っています．

● **FM放送とは**

FM放送で使っているFM方式は，搬送波の振幅の大きさはそのままで，音声信号によって搬送波の周波数を変化させて変調する方式です（**図2**）．このため，周波数変調（Frequency Modulation）と呼ばれます．

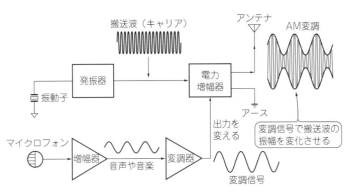

図1 AM送信機の仕組み

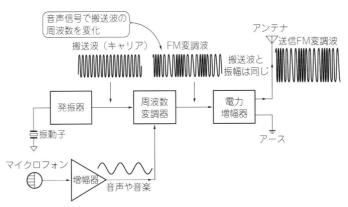

図2 FM送信機の仕組み

FM方式の特徴は，音質に優れることです．同じ周波数に2つの電波があったとしても，強い電波が優先され，混信しにくいのも特徴です．その反面，電波が弱くなると急に受信状態が悪くなるので，遠距離の受信には向いていません．そのため地域を絞った放送が行われています．

　日本では，76.1M〜89.9MHzの超短波（VHF）帯のFM変調方式を使ったラジオ放送をFM放送と呼び，永く親しまれてきました．平成26年（2014年）4月1日から，この従来のFM放送帯の上側に90.0〜94.9MHzが追加されました．

　これは，FM補完放送（ワイドFM）呼ばれるもので，主に中波帯の民間ラジオ放送の難聴対策として実施されています．

　近年，都市部では建築物の高層化に伴い，ビルの谷間では中波帯のAMラジオ放送が聴取しにくくなっていました．また，日本海側の地域では，夜間に大陸方面より届くAMラジオ放送の混信が以前から問題になっていました．

　FM補完放送は，中波AM放送と同一のプログラムをFM方式で放送しています．FMはAMよりも音質に優れることから，FM補完放送で「AMラジオ」を楽しむ人も増えてきました．

＜加藤　高広＞

「ストレート方式」から 「スーパーヘテロダイン方式」への変遷

　ラジオは手軽で確実なメディアとして，今も使われています．成熟し尽くした枯れた技術と思われがちですが，進化は続いています．作りやすい例を通じて，今風のラジオ製作を楽しんでみましょう．

　写真1は，トランジスタ6個を使ったスーパーヘテロダイン方

写真1　市販の6石スーパー・ラジオの内部
ラジオのIC化は6石スーパーを目標にして始まった．写真はPhilipsのD-1018型（香港製）

初出：『トランジスタ技術』2014年8月号

式（6石スーパー）のラジオです．

● ラジオ受信機には大きく分けてストレート方式とスーパーヘテロダイン方式の2種類がある

受信機の性能は感度（Sensitivity），選択度（Selectivity），安定度（Stability）の3要素，いわゆる3Sで表されます．家庭用のラジオでは，もうひとつ忠実度（Fidelity）も重要な要素です．ラジオはこれらの要素を改善し，より良いものへ進化しました．現在では，経済性（Economy）も大切な要素です．

ラジオ受信機は大きく分けて，ストレート方式とスーパーヘテロダイン方式の2種類があります．ストレートと聞くと何となく直接的で良さそうな印象を持つかもしれませんが，その欠点を解決するために考え出されたのがスーパーヘテロダイン方式です．多くの場合，こちらのほうが優れています．

初期型　ストレート式の仕組み

● 最初のラジオ

ストレートとは直接的，直線的という意味です．何が直接的なのでしょうか？　ストレート方式というのは，スーパーヘテロダイン方式のラジオが登場してからそう呼ばれるようになりました．もともとは，「TRF（Tuned Radio Frequency）形式」と呼んでいました．

「同調した高周波形式」という意味で，選局は同調した高周波回路に依存します．図1にシンプルなストレート・ラジオを示します．同調回路で選択された高周波信号（放送局）は，検波器ですぐ検波されて音声信号が取り出されます．

● ストレート・ラジオの進化

　図1のようにただちに検波するのではなくて，**図2**のように高周波増幅を1〜2段付加し，入ってきた電波をそのままストレートに増幅してから検波へと導くものもあります．感度と放送の分離度（選択度）を向上するのが目的でした．

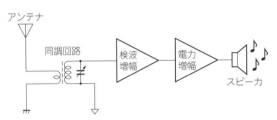

図1　シンプルなストレート・ラジオ
アンテナで捕まえた電波は同調回路で選局後すぐに検波し増幅する

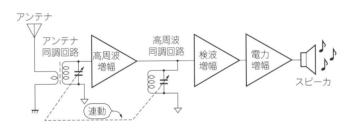

（a）高周波1段

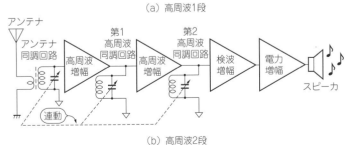

（b）高周波2段

図2　高周波増幅付きストレート・ラジオ
高周波増幅を付けて感度をアップし，同調回路を増やすことで選択度もアップする．

21

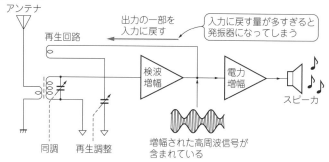

図3 再生付きストレート・ラジオ
再生を掛けると感度と選択度の両方を大幅に改善できるが発振する恐れもある

　さらに，再生と言って正帰還の作用で感度と選択度を向上させる技術が取り入れられて，飛躍的に進歩しました．**図3**が，再生の仕組みです．このように，増幅回路の後から取り出した信号を前のほうへ戻すことで増幅された信号をさらに増幅して大きくします．

　ただし，この作用が過剰になれば，外部からの入力信号がなくても交流信号が現れる状況，すなわち増幅器が発振器へと変身してしまいます．それでも再生のない状態よりも100倍くらい感度は良くなり，選択度も同じように良くできました．

● 再生付きストレート・ラジオの欠点

　再生作用で高感度を得るには，発振寸前の状態にしなくてはなりません．しかし，アンテナに人が近づく，電灯線の電圧が変動する，温度が変わるなど外部条件の変化によって容易に発振する可能性があるので，最良の状態を維持するには，細かな操作が必要でした．

　ストレート式受信機で高感度受信をするには，操作者の技量（ウデ）が要求されたので，あまり家庭向きではありませんでした．

ストレート式ラジオの全盛期には，過度の再生で発振させてしまって，他のラジオ受信機に高調波による妨害を与えてしまうというやっかいな問題もあったのです．

進化型　スーパーヘテロダイン式の仕組み

● スーパーヘテロダインの登場

　ラジオ受信機は，ストレート方式から始まってスーパーヘテロダイン方式へと進化しました．スーパーヘテロダイン方式は，ストレート方式に存在した限界を乗り超えるために考え出されたラジオの仕組みです．

　スーパーヘテロダイン方式は，1918年にエドウィン・アームストロング(Edwin Armstrong)によって発明されました．意外に古い技術であり，TRF形式の歴史とそれほど違いはありません．

　ストレート方式でラジオを高感度化しようとするには，高周波増幅や低周波増幅の段数を重ねる必要がありました．

　スーパーヘテロダインが発明されたころの増幅素子は，3極管でした．3極管は，グリッド電極とプレート電極の間の静電容量C_{pg}が大きいため，高周波で大きな増幅度を得るのは困難でした．低周波増幅にしても，真空管の電極の機械振動によるマイクロフォニック現象などにより，増幅度には限界がありました．大きな容量のコンデンサもなかったことで，モータ・ボーティングと言ったごく低周波の発振現象にも悩まされました．

　半導体が全盛の現在では，低周波で1000倍(60 dB)や10000倍(80 dB)の増幅は容易で，100000倍(100 dB)もそれほど困難ではありません．真空管ではとてもできなかった技術で，アームストロングの時代には非現実的でした．

　今では，ほとんどのラジオはスーパーヘテロダイン式です．DSPで信号処理を行うディジタル・ラジオにも，スーパーヘテロ

ダインの仕組みが取り入れられています．また，ラジオ受信機だけでなく，多くの通信機でも当たり前の技術として使われています．

● 周波数変換で増幅を重ねて高感度化

　高周波ではあまり増幅できず，低周波増幅でも増幅段数を重ねるのは限度がありました．同じ周波数帯の増幅を重ねるのは，限度があったわけです．そこで，アンテナから入ってきた電波をいったん低い周波数へ変換してから増幅することを考えたのです．その低い周波数を，中間周波と言います．

　図4に示すスーパーヘテロダイン方式の受信機では，高周波，

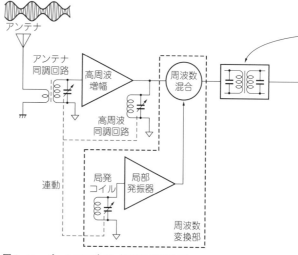

図4　スーパーヘテロダイン（高周波増幅付き）
再生付きストレート・ラジオに比べ感度と選択度を簡単に向上できる

中間周波，低周波の異なる周波数で増幅します．そのため，十分大きな増幅度が得られることから，高感度が得られたのです．

● **中間周波増幅で選択度を向上**

　初期のラジオでは，中間周波増幅の選択度は，あまり重視されませんでした．まだ電波も多くなかったからで，増幅度の向上が主目的でした．その後，飛び交う電波が増えてくると，中間周波増幅の部分に同調回路を複数置くことで，選択度の向上を図るように改良されます．ストレート・ラジオでは，**図5**のように選択度を高周波部分の同調回路に依存したので，周波数によって帯域幅が変化します．

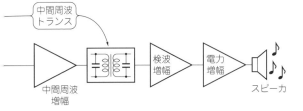

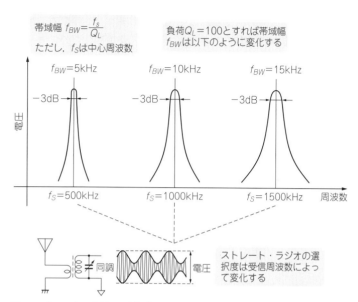

図5 ストレート・ラジオの選択度
周波数によって帯域幅が変化する

　スーパーヘテロダイン方式なら，おもに中間周波増幅部分の周波数特性で選択性が決まります．受信周波数が変化しても中間周波数は一定のため，選択度は変化しません．中間周波増幅器は決まった周波数の増幅をするだけなので，同調回路の数を重ねることで容易に良好な選択度が得られます．　　　　＜加藤　高広＞

コラム　ラジオの父

　発明王と言えば，誰でもエジソンを思い出すでしょう．ラジオ界の発明王と言えば，エドウィン・ハワード・アームストロング（1890〜1954年）に異論はないでしょう．彼の発明は，ラジオと無線通信に，計り知れない影響を与えました．

　アームストロングは1910〜1920年代に，今日でも広く知られる再生検波，超再生検波，正帰還を使った発振器，スーパーヘテロダイン方式，FM変調方式など無線やラジオにかかわる偉大な発明を次々に行いました．

　当時はラジオ工学発展の時代．類似の研究も多く，次々に特許闘争に巻き込まれます．適切でない技術評価がなされた裁判もあって，彼が敗訴になったケースも多かったそうです．しかし，同時代のエンジニアたちからは，敗訴した彼の功績であるとの賞賛は続いたそうです．

写真A　エドウィン・ハワード・アームストロング
出典：Wikipedia

　1954年1月31日，RCA社との特許闘争に疲弊するなか，13階の窓から飛び降り自殺して生涯を閉じました．彼の遺志は妻マリオンに引き継がれ，最後には勝訴したそうです．

　ラジオ工学の世界で生涯に40以上の重要な発明を行ったアームストロングですが，現代の電子技術者の間にその名はあまり知られていません．

<加藤　高広>

小型アンテナと同調回路

2種類のコンパクト・アンテナ

■ アンテナは半導体や材料の進化で小型化している

　電子デバイスの性能が悪く，部品技術も劣っていた時代は**図1**のようなラジオ受信用アンテナを使っていました．長い竹竿を建てて，電線を空中高く展開しています．遠距離の放送局を受信しようとすれば，今でもこうしたアンテナが役立つでしょう．

　しかし，このような大きなアンテナには機動性はありません．ラジオの前に行って聴取する，というスタイルにならざるを得な

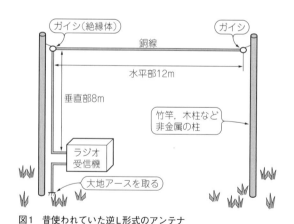

図1　昔使われていた逆L形式のアンテナ

初出：『トランジスタ技術』2014年8月号

いのです.

● 手のらサイズで作るなら磁界をキャッチするフェライト・バー型

　材料技術の向上により，高い透磁率を持った磁性材料が開発されました．これにより，ラジオのアンテナにはフェライト・バー・アンテナが使われるようになったのです.

　バー・アンテナは，ループ・アンテナの一種です．磁気コアを通った磁束により，コアに巻いた電線に誘導起電力が発生するので，電圧を取り出して受信します．電波は，電界と磁界が直交しながら空間を進みますが，ループ・アンテナやバー・アンテナは磁界を捉える形式のアンテナです.

　写真1は，通販や秋葉原のお店で入手したフェライト・バー・

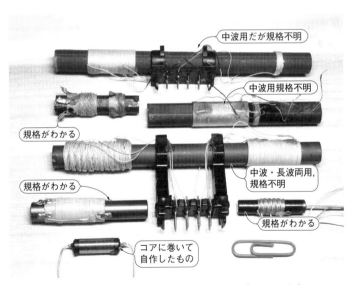

中波用だが規格不明

中波用規格不明

規格がわかる

規格がわかる

中波・長波両用，規格不明

規格がわかる

コアに巻いて自作したもの

写真1　ポータブル・ラジオの製作に適したフェライト・バー・アンテナ
部品ショップでいろいろなバー・アンテナが見つかるが，規格不明の物も多い．規格がわかっているものを使いたい

アンテナです．ポータブル・ラジオでは必ず使われるので，さまざまなバー・アンテナが作られています．

ラジオはどんどんコンパクトになる傾向があり，バー・アンテナも小さくなる傾向があります．フェライト・コアのサイズが小さくなるにつれアンテナとしての性能はどんどん悪くなりますが，デバイス進歩と回路技術のおかげで，ラジオとしての性能が損なわれずに済んでいます．

● 車向きなのは電界をキャッチできて無指向性のアクティブ型

カー・ラジオでは，アクティブ・アンテナが使われる例が増えています．今では，昔のカー・ラジオのような長いアンテナは珍しくなっています．**写真2**は，この形式のカー・ラジオのアンテナの一例です．

図2に，アクティブ・アンテナの仕組みを簡単に示します．アンテナが空間に対して小容量のコンデンサで結合していると考え，捉えた電界をロスがないように高インピーダンスで受け，低いインピーダンスに変換して取り出すものです．

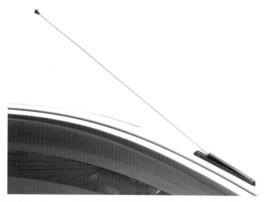

写真2　カー・ラジオ用の無指向性アクティブ・アンテナ

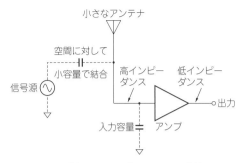

（a）アクティブ・アンテナの仕組み

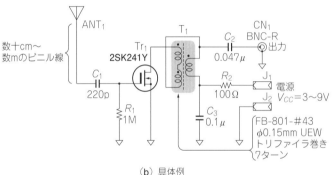

（b）具体例

図2　磁界ではなく電界で電波をキャッチする無指向性アクティブ・アンテナの受信の仕組みと実現方法

波長に対して短いアンテナは容量性を示す．空間に対して小さな容量で結合していると考えて，高い入力インピーダンスを持つアンプを使ってインピーダンス変換して信号を取り出す．入力インピーダンスが高いFETを使ったアンプで実験してみた．わずか数十cmから数mの短いアンテナ線でラジオが良く聞こえる．長波帯の約100kHzから短波帯全域まで良く動作した．

　写真3は，**図2**のアクティブ・アンテナの動作実験のようすです．わずか数十cmから2m程度の短いアンテナ線でラジオ放送を良好に受信してくれます．

　カー・ラジオでは，ラジオ本体が金属（車体）に包まれてしまいます．磁気シールドになってしまうので，ラジオ本体にフェライト・バー・アンテナがあってもうまく機能しません．そこで，カ

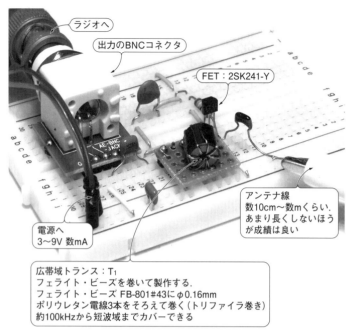

写真3　図2のアクティブ・アンテナを動作確認中

ー・ラジオでは，短いホイップ・アンテナ(ムチ状のアンテナ)を
車外に突き出し，アクティブ・アンテナ形式を採用しているので
す.

　フェライト・バー・アンテナには指向性があるのも，カー・ラ
ジオには不向きな点です. あまり小型にすると，感度が悪くなる
欠点もあります. 回路の構成上，屋外(室外)に設置するには向か
ないのも不利な点です.

　アクティブ・アンテナの利点は，無指向性で，サイズが小さく
ても感度が良いところです. 欠点は，静電的なノイズを拾いやす
いことと，広帯域なので条件によっては相互変調ひずみが発生し
て混信のような現象が起こることです.

ノイズや相互変調ひずみの面では，フェライト・バー・アンテナのほうが有利です．後述するように，アンテナ自身が同調回路の一部となり，周波数選択性を持つためです．

● 受信アンテナは用途に応じていろいろある

受信アンテナは，用途により最適な物が選択されます．一般的にコンパクトなものほど便利なので，小型化する努力は今でも続いています．

FMラジオでは，フェライト・バー・アンテナがうまく使えません．ひも状のアンテナが必要なので，コンパクトなFMラジオでは，イヤホン・コードをアンテナ線に兼用する，といった工夫が一般的に行われています．

放送局を選び出す「同調回路」のふるまい

● アンテナで電波をキャッチしたら次は選択

選局とは，アンテナで捉えたさまざまな電波の中から，聞きたい放送局を選び出すことです．この機能が不十分だと「混信」が起こって満足な聴取ができません．音楽放送では，わずかな混信があっても快適な聴取の妨げになってしまいます．

混信を防ぐ能力のことを「選択度」と言い，「感度」とともにラジオ受信機の性能を示す重要な指標となっています．

● 周波数選択の仕組み①…ストレート方式の場合

ストレート・ラジオは，図3(a)のようなブロック・ダイヤグラムになっています．アンテナから届いた電波は，「アンテナ・コイル」と呼ばれる入り口にある同調回路(兼アンテナ)で選択されます．

コイルとコンデンサを使ったLC共振回路の周波数特性は図4

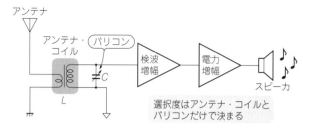

(a) 高周波増幅なし

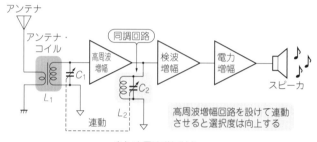

(b) 高周波増幅付き

図3 ストレート方式の放送チャネル選択のメカニズム
シンプルなストレート・ラジオの選択度は入口のアンテナ・コイルとバリコンだけで
決まる. 高周波増幅を追加して同調回路を増やすと選択度が改善される

のようになり, 聴取したいラジオ局の周波数にLC共振回路を
「同調」させることで選局します.

アンテナ・コイルだけで得られる選択性能には限界があるので,
図3(b)のように高周波増幅を設け, 検波回路との間にもLC共振
回路を置くことがあります. 2つのLC共振回路は連動させます.
このようにすれば「選択度」が向上します.

LC共振回路の選択特性は, 周波数によって変化します. LC共
振回路の性能は, Qという数値で表します. Qの値は, LC共回路
が共振しているとき両端に発生する電圧が-3dB(約70 %)に低
下する周波数の幅で, 共振周波数を割った値です(**図4参照**).

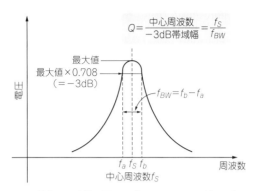

$$Q = \frac{\text{中心周波数}}{-3\,\text{dB帯域幅}} = \frac{f_S}{f_{BW}}$$

最大値

最大値×0.708
（＝−3 dB）

電圧

$f_{BW} = f_b - f_a$

f_a f_S f_b
中心周波数 f_S

周波数

図4　特定の周波数で電圧がグンと上がる *LC* 共振回路を利用して周波数チャネルを選ぶ
選択度は共振回路の *Q* で決まる．共振回路の *Q* を高くするには，直列抵抗成分の小さいアンテナ・コイルが必要で，それがストレート・ラジオの課題だった

▶ストレート・ラジオでは選局性能が周波数によって変わる

　Q の値は共振周波数によって変化します．仮に100だったとしましょう．今，600 kHzに同調しました．そのとき−3 dB周波数幅は600/100＝6 kHzとなります．

　今度は1200 kHzに同調したとします．*Q* が同じ100だとすると，1200/100＝12 kHzとなって，−3 dB周波数幅は2倍になります．これは選択度が悪くなったことを意味します．

　このように，*LC* 共振回路の周波数を可変して「選局」する形式のラジオは，周波数で「選択度」が変化してしまう欠点があるのです．それを解消したのが，スーパーヘテロダイン方式です．

● 周波数選択の仕組み②…スーパーヘテロダイン方式の場合

　スーパーヘテロダインも，アンテナから届いた電波が「アンテナ・コイル」で選択されるという点は，ストレート・ラジオと同じです．しかし，それだけで受信周波数は決まりません．

　図5を参照してください．周波数 f_1（ここでは1000 kHz）を受信

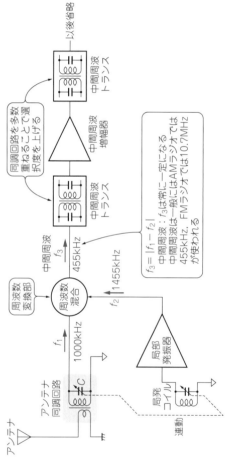

図5 スーパーヘテロダイン方式の受信周波数選択のメカニズム

しようとしています. そのとき, 局部発振器(ローカル・オシレータ:Lo)は, ぴったり中間周波の周波数だけ高い(または低い)周波数f_2(たとえば1455kHz)を発振しています.

周波数変換部からは, f_1とf_2の周波数差である中間周波f_3(この例では455kHz)が取り出されます. 周波数f_1がf_3へ周波数変換されました.

中間周波アンプ(IFアンプ)の入り口には, LC共振回路を使った中間周波トランス:IFTと呼ばれる帯域フィルタ(バンド・パス・フィルタ)があります.

このIFTの共振周波数は中間周波数f_3(この例では455kHz)で常に一定です. 周波数が一定なら, 選択度も変化しません. 良い選択度が維持されます.

このように, スーパーヘテロダインでは, 局部発振器Loの発振周波数f_2で選局されます.

感度良く受信するためには「アンテナ・コイル」の共振周波数を受信周波数f_1に合わせるべきですが, 選局の機能は限定的です. 共振周波数がf_1に合っていなくても, 感度は落ちますが受信はできるのです.

同調回路のキー・パーツ「バー・アンテナ」と「バリコン」

ラジオでは選局が重要な機能です. 固有の部品が使われる部分でもあります. ここでは選局に使う部品を説明します.

多くの場合, コイルとコンデンサを使ったLC共振回路を使います. LC共振回路を構成するラジオ固有の部品がなくては, 製作できません.

もっとも重要で, 入手が限られるのが, バー・アンテナとポリバリコンです.

● フェライト・バー・アンテナ

　フェライト・バー・アンテナは，選局のためのLとアンテナを兼用する重要な部品です．

　通販や秋葉原の店頭などで，先掲した**写真1**のように，さまざまなフェライト・バー・アンテナが見つかります．しかし，規格がわかるのものは限られます．

▶使えるインダクタンスLの値が限られる

　フェライト・バー・アンテナは，LC共振回路を構成するコイルLであり，可変コンデンサ（バリコン）のCとセットで選局に使います．

　AMラジオ放送を受信するラジオは，531～1602 kHzをカバーする必要があります．バリコンとバー・アンテナ（コイル）で構成されるLC共振回路は，AMラジオ放送の周波数範囲をカバーしなくてはなりません．

　LC共振回路の共振周波数fは，

$$f = \frac{1}{2\pi\sqrt{LC}} \quad\cdots\cdots\cdots\cdots\cdots\cdots\cdots\cdots\cdots\cdots\cdots\cdots (1)$$

なので，LとCは任意の組み合わせが可能です．

　しかし，実際には組み合わせるバリコンの種類が限られるので，おのずとLのインダクタンス値は決まります．

▶ストレート・ラジオ用のバー・アンテナ

　後述しますが，ストレート・ラジオには最大容量が260 pF前後のバリコンを使うので，バー・アンテナには，インダクタンスの値が約330 μHのものを使います．

▶スーパーヘテロダイン用のバー・アンテナ

　スーパーヘテロダインでは，アンテナ同調側の最大容量が140 pFのバリコンを使います．必要なインダクタンスは，ストレートよりずっと大きな値になって，約600 μHのものが必要です．

▶市販品で使えるバー・アンテナ

写真4は，市販で得られる規格がわかるバー・アンテナの例です．**表1**は，入手した市販バー・アンテナを実際に調べたものです．このほかに，部品ショップの通信販売でもいくつか見つかります．

自身で工夫するつもりがあれば，とりあえず店頭で入手できた規格不明のバー・アンテナを使ってもよいですが，規格がわかった既製品を購入するのが確実です．

● ポリバリコン

選局には，可変コンデンサ（バリコン）を使います．トランジスタやICを使ったラジオには，ポリエチレンを誘電体に使って小型化したバリコン，ポリバリコンを使います（**写真5**）．

トランジスタ・ラジオが輸出の花形製品だった時代にはたくさんのポリバリコンが作られ，容易にさまざまな型番の製品が購入できました．しかし，すでに国内でラジオを生産するところもなくなっています．

そんなこともあり，一時期ポリバリコンは入手困難になりましたが，今では部品ショップの通信販売で入手できるようになりました．

ポリバリコンの大まかな構成を，**図6**に示します．ラジオを作るときは，以下の方針で市販品を選んでください．

▶AM放送のストレート・ラジオ用

図6(a)のように，最大容量が260 pF程度のものを選びます．300 pFあたりまで許容できます．

入手できないときは，次に解説するスーパーヘテロダイン用（トラッキング・レス型）を入手し，アンテナ側と局発側の両セクションを並列にすれば，とりあえず代用できます．

組み合わせるバー・アンテナは，先述したように300 μH前後の

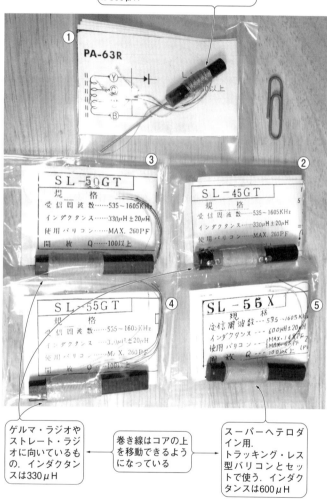

巻き線が固定されているタイプ．ストレート・ラジオ向き．インダクタンスは360μH

① PA-63R

③ SL-50GT
規　格
受信周波数……535～1605KHz
インダクタンス……330μH±20μH
使用バリコン……MAX. 260PF
開放　Q……100以上

② SL-45GT
規　格
受信周波数……535～1605KHz
インダクタンス……330μH±20μH
使用バリコン……MAX. 260PF

④ SL-55GT
規　格
受信周波数……535～1605KHz
インダクタンス……330μH±20μH
使用バリコン……MAX. 260PF
開放　Q……100以上

⑤ SL-56X
規　格
受信周波数……535～1605KHz
インダクタンス……600μH±20μH
使用バリコン……MAX. 65PF
開放　Q……100以上

ゲルマ・ラジオやストレート・ラジオに向いているもの．インダクタンスは330μH

巻き線はコアの上を移動できるようになっている

スーパーヘテロダイン用．トラッキング・レス型バリコンとセットで使う．インダクタンスは600μH

写真4　通販や秋葉原で入手しやすく規格のわかるバー・アンテナ

表1 手に入りやすいAMラジオ用バー・アンテナの規格値/実測値

No.	型名	メーカ	インダクタンスと無負荷荷Q カタログ値 μH	カタログ値 Qu	実測値 max	実測値 Qu	実測値 min	実測値 Qu	同調容量(pF) 535kHz	1605kHz	備考
①	PA-63R	アイコー電気	360	>150	306	330	-	-	290	33	黄・黒の間で測定。インダクタンスは固定式 推奨バリコンの記載なし
②	SL-45GT	あさひ通信	330±20 ストレート用	>100	375	90	330	90	245 カタログ値で実測	24	端子1と2の間で測定。ラグ端子付き 推奨バリコン:max260pF
③	SL-50GT	あさひ通信	330±20 ストレート用	>100	370	260	295	240	277 カタログ値で実測	28	引出しリード線:原色(1)と黒 (2)の間で測定 推奨バリコン:max260pF
④	SL-55GT	あさひ通信	330±20 ストレート用	>100	382	240	313	205	276 カタログ値で実測	28	引出しリード線:原色(1)と黒 (2)の間で測定 推奨バリコン:max260pF
⑤	SL-55X	あさひ通信	600±20 スーパー用	>100	805	215	582	205	159 カタログ値で実測	15	引出しリード線:原色(1)と黒 (2)の間で測定 推奨バリコン:ANT側 max148pF, OSC側 max65pF
	型番不詳	(ジャンク品)	(330μHか?) スーパー用		385	300	236	310	276 330μHで実測	26	max275pFのバリコン(推定) FM/AMラジカセ用大型バー・アンテナ

備考:LCRメータがあれば、フェライト・コアに巻いて製作することもできます。

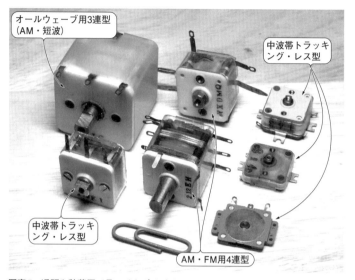

写真5　通販や秋葉原で見つけたポリバリコン
手に入りやすいのはストレート・ラジオ用の260pF（単連）と，スーパー用の140pF＋80pF
トラッキング・レス型

ものを使います．

▶AM放送のスーパーヘテロダイン用

　いわゆるAM放送，つまり中波のスーパーヘテロダインのラジオには，**図6(b)**に示すトラッキング・レス型というタイプを使います．2連バリコンの一種ですが，連動する2つのセクションの容量が異なっています．アンテナ同調側の最大容量が140pF，局発回路側の最大容量が80pFの親子バリコン（2連バリコン）が標準的です．

　それぞれ±数pFの違いがあっても，支障はありません．このような容量の異なるバリコンを使うのは，スーパーヘテロダインに不可欠なトラッキング調整を簡略化するためです．極端に容量が違う物は，既製品のコイルが使えなくなるので避けます．

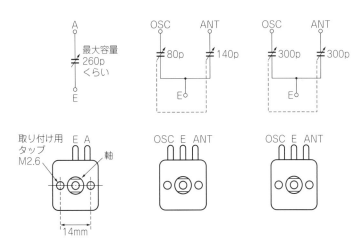

（a）ストレート・ラジオ用
（主に中波用）

（b）スーパーヘテロ
ダイン用AMト
ラッキング・レ
ス型
（中波専用）

（c）スーパーヘテロ
ダイン用多バン
ド型
（長波，中波，短
波）

図6　ポリバリコンの構成

▶短波もカバーするスーパーヘテロダイン用

　アンテナ同調側と局部発振側が等容量の2連バリコンを選びま
す．半導体のラジオでは，300 pF程度の等容量2連バリコンが一
般的です．中波用のトラッキング・レス型バリコンは使えないの
で注意してください．ただし，等容量の2連バリコンは，現在は
入手が限られているようです．

　しかし，AM/FM用の4連バリコンでは，AM用でちょうどこ
の値のバリコンが見つかります．FM用は接続せず，AM用の2連
バリコンとして使うとよいでしょう．

　受信周波数範囲を自身で決めてから，トラッキング回路の設計
を行なう必要があります．設計結果にしたがって，必要なインダ
クタンスを持ったアンテナ・コイルや局発コイルを製作しなくて
はなりません．「第10章　フルディスクリート高感度　6石スー

パーヘテロダイン AM ラジオの製作」の「IFT の製作」を参考に
してください.

▶FM ラジオ用

　最大容量が 20 pF の 2 連もしくは 3 連バリコンを使います. 組み
合わせるコイルの市販品はないので, 自分で巻く必要があります.
コイルの製作と調整には VHF 帯までカバーする測定器が必要な
ため, 製作の難易度が上がります.

　しかし, DSP ラジオなら特殊な測定器や技術を使わなくても製
作できるので, FM ラジオは DSP ラジオで製作します.

● 他にもあるラジオ専用部品

　コイルやバリコンといった, ラジオに特有の部品を説明しまし
た. ほかにも, 中間周波トランス(IFT)やセラミック・フィルタ
のようなラジオ専用部品もあります. それら専用部品の仕組みは,
詳しく知らなくてもラジオは十分作れます. 必要に応じて, 登場
の都度, 簡単な説明をします. 　　　　　　　　　　　＜加藤　高広＞

コラム　送信アンテナは輻射効率を最優先

　写真Aは，1062kHz CRT栃木放送・足利中継所のアンテナです．空中線電力わずか100Wながら，北関東一円をカバーします．ラジオ局としては出力は大きくありませんが，アンテナの性能が良いために，思いのほか広い地域をカバーします．

　放送局の送信用アンテナは,輻射効率を第一に考えます．従って，このように巨大で大掛かりな物になることもいといません．

　受信アンテナなら，そこで数dBの損失があっても，アンプで増幅すれば簡単に取り戻せます．しかし，送信時の損失を取り戻すのは容易ではありません．もしアンテナの性能が悪くて3dBの損失があるとすれば，それを取り戻すには2倍の電力を必要とします．

　100Wくらいの小電力局なら，2倍の電力を得ることは難しくないかもしれません．しかし，基幹局のような放送局では，数十kW以上の大電力を使うため，倍の電力を得るのは容易なことではありません．送信用アンテナは効率が第一なのです．

＜加藤　高広＞

写真A　CRT栃木放送・足利中継所の送信アンテナ
送信用のアンテナは輻射効率が一番重要．送信塔は，高さはもちろんアースも重要．背の高いほうの柱が送信アンテナ本体で，局舎の根元で碍子（ガイシ）により絶縁されてアースから浮いている．頂部のリングは，静電容量成分を付加してアンテナ長を補う機能を持つ頂冠（トップ・ハット）

電柱

手作りラジオ用ワンチップIC

健在! ワンチップ・ラジオIC

● ワンチップ・ラジオICをかき集めてみた

ラジオ用ICとは，ラジオ製作のための専用ICのことです．さまざまなものがありますが，機能・性能をよく調べて，目的に合ったICを選ぶ必要があります．

現在でも入手しやすいラジオ用ICを集めて調査した結果を整理します．**写真1**は，試作評価に使ったラジオ用ICの集合写真です．

ラジオ用ICには，50年近い歴史があります．その時代の技術とニーズに応じて，さまざまなICが登場しました．

しかし，ある時期もてはやされた有名なICでも，すでに入手できないものもあります．また，機能が陳腐化してニーズに合わなくなったために，生産終了に追い込まれたICもあります．製造メーカそのものが廃業したり，製品の整理を目的に終息したりするICもたくさんあります．これらの中には，ラジオを作って電子回路を学ぶ目的には最適なラジオ用ICチップもあり，なくなるのは惜しいと思っています．

ここではこれからも継続した入手が期待できそうなラジオ用ICを選んでみました．

初出：『トランジスタ技術』2014年8月号

写真1　自作用のラジオICはたくさんある
現在入手できたラジオ用ICを集めてみた．ポピュラなものはほとんど含まれている．多くは
スーパーヘテロダイン方式のラジオだが，ストレート・ラジオやDSPラジオのICもある

写真内ラベル：
- TA7613Pとその
セカンド・ソース
- TA2003とそのセカンド・
ソースなど
- LA1600
- DSPラジオ
Si4825
- ストレート・
ラジオ用3端子

● 人気ICは世界中のメーカが類似品を作るからなくならない

　日本ではラジオ離れと言われますが，世界的に見れば，ラジオ
のニーズは今でも旺盛だそうです．玩具のようなラジオも多いよ
うですが，途上国向けの娯楽用・情報用家電として定番なのでし
ょう．中国や東南アジアで生産されるラジオは膨大です．

　かつて，日本を始め欧米の半導体メーカで開発されたラジオ用
ICの多くは製造中止になっていますが，セカンド・ソースとして
再登場しています（**写真2**）．良い設計だったICには根強いニーズ
があります．

　セカンド・ソースは必ずしもまったく同じ物とは限りませんが，
ごく当たり前のラジオを作るには，セカンド・ソースで大丈夫で
す．

47

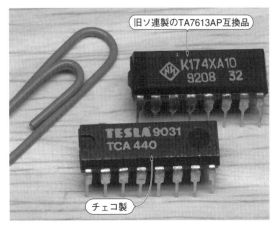

写真2　東欧や旧ソ連製のセカンド・ソースを発見！
ソビエト連邦(現ロシアなど)製らしいK174XA10はTA7613AP(東芝)のセカンド・ソース．オリジナルと差し換えてみたが，何の支障もなく動作する．TESLA社はチェコの半導体メーカだった．独シーメンスの技術供与でラジオ用のICを製造していた

　すでにオリジナルは入手できず，セカンド・ソース同士の比較になったICもありましたが，それでも違いはわからないほどです．

動作確認済みのおススメ品

　おススメのICを機能などとともに**表1**にまとめました．

● 3端子ラジオ

　ストレート・ラジオ用のICは珍しいのですが，今でも使われているのが3端子ラジオです．わずか3本足のトランジスタと同じパッケージに入っていて，ごく簡便なラジオ用として使われています．

　ストレート・ラジオながらうまく設計されているので，上手に

使うと感度，選択度ともに実用性能を持ったラジオが作れます．
非再生式なので扱いやすく，感度も十分高くて意外に侮れません．

　必要な外付け部品が少なくて作りやすいので，製作講習会の教材などにも向いています．

　オリジナル・メーカは英フェランティ・セミコンダクタ社ですが，すでに同社はありません．セカンド・ソースには三洋電機のLA1050，ミツミ電機のLMF501Tがありました．いずれもホビースト用としてポピュラーでしたが，両社ともに生産中止して，すでに流通在庫も見つかりません．

　現在は，台湾や中国などアジア製のセカンド・ソースであるUTC7642やMK484の入手が容易です．機能は同等ですが，ピン接続が異なる物もあるので，注意が必要です．

● LA1600

　三洋電機製の省部品型のAMラジオ専用ICで，高周波増幅付きのスーパーヘテロダイン受信回路を9ピンのシングル・インライン・パッケージに内蔵したものです．このICが出た当時，スーパーヘテロダイン方式のラジオICは14ピン以上が当たり前でした．それをわずか9ピンに収めたのには驚いたものです．

　外付け部品も少なく，スーパーヘテロダインだけあって高性能で，3端子ラジオでは物足りないというニーズにぴったりです．感度，選択度，安定度といった受信機の3要素のいずれも優秀です．生産は終了していますが，今のところ，流通在庫が潤沢なので，電子工作程度の少量のニーズには支障はないようです．

● TA2003P

　東芝のラジオ用ICです．AMとFMの受信機能を16ピンのパッケージに内蔵しています．アンテナからの入力を増幅し復調するところまで内蔵しているため，低周波パワー・アンプを外付け

表1　今でも入手性の良いワンチップ・ラジオIC（2020年11月現在）

17番と18番はラジオ用ICではなく，電池2本程度の低電圧で動く低周波増幅パワー・アンプ
（AF-PA）

No.	型名	メーカ名	種類	外形	AM
1	UTC7642	UTC	TRF-3端子	TO-92	◎
2	MK484	Rapid	TRF-3端子	TO-92	◎
3	LA1600	三洋	AM専用省部品	SIP-9	◎
4	TA2003P	東芝	AM/FM 省部品省調整	DIP-16	◎
5	TA2003	UTC	AM/FM 省部品省調整	DIP-16	◎
6	S1A2297X01	SAMSUNG	AM/FM 省部品省調整	DIP-16	◎
7	TA8164P	東芝	AM/FM 省部品	DIP-16	◎
8	TA7613AP	UTC	AM/FM-IF, AF-PA付き	DIP-16	◎
9	TDA1083	Telefunken	AM/FM-IF, AF-PA付き	DIP-16	◎
10	K174XA10	（ソ連製）	AM/FM-IF, AF-PA付き	DIP-16	◎
11	HA1199	日立	AMカー用	DIP-16	◎
12	TA7792P	東芝	AM/FM 低電圧	DIP-16	◎
13	TDA7088T	Philips	FM専用 省電力	SOIC-16	
14	LA1137	三洋	AM用	DIP-16	◎
15	TCA440	TESLA	車載AM用	DIP-16	◎
16	Si4825-A10	Si-Lab	AM/SW/FM，DSP	SOIC-16	◎
17	NJM2073D	JRC	パワー・アンプ	DIP-8	－
18	MC34119P	ON-Semi	パワー・アンプ	DIP-8	－

メーカ名

ON-Semi	オン・セミコンダクタ（米）
Philips	NXPセミコンダクターズ（蘭）
Rapid	Rapid Electronics（英）…メーカではなく商社かも
SAMSUNG	サムスン電子（韓国）
Si-Lab	シリコン・ラボラトリーズ（米）
Telefunken	Telefunken Semiconductors/TEMIC（独）
TESLA	TESLA（チェコ）
UTC	UNISONIC TECHNOLOGIES（台湾）

生産中止品は，メーカのWebサイトでも情報が入手できないケースもある．

FM	AF	IFアウト	Sメータ	備考
−	−	（×）	要工夫	
−	−	（×）	要工夫	
−	−	×	可	市場在庫のみ，SW（短波放送）も可
◎	−	×	可	市場在庫のみ，SW（短波放送）も可
◎	−	×	可	TA2003Pのセカンドソース
◎	−	×	可	TA2003Pのセカンド・ソース
◎	−	×	可	TA2003に類似の旧型
△IFのみ	◎ 200mW	可	可	東芝TA7613APのセカンド・ソース．AliExpressで入手可
△IFのみ	◎ 200mW	可	可	東芝TA7613APのセカンド・ソース．AliExpressで入手可
△IFのみ	◎ 200mW	可	可	東芝TA7613APのセカンド・ソース．ebayで入手可
−	−	可	可	市場在庫のみ
◎	−	可	可	市場在庫のみ，SW（短波放送）も可
◎	−	×	×	電子同調用．AliExpressで入手可
−	−	◎	◎	高機能，SWも可．AliExpress，ebayで入手可
−	−	◎	◎	検波器外付け，SWも可．AliExpress，ebayで入手可
◎	−	×	×	DSPラジオ，短波SW付き
−	◎ 200mW	−	−	低周波パワー・アンプ，低電圧向き
−	◎ 200mW	−	−	低周波パワー・アンプ，低電圧向き

するだけでAM/FMラジオが作れます．外付け部品の省略化で，少ない部品で作れます．

思い切った無調整化が特徴で，スーパーヘテロダイン特有のトラッキング調整を除けば，中間周波増幅部はまったく無調整です．アナログICで実現するスーパーヘテロダインとしては，最終形に近いでしょう．

東芝は生産を終了していますが，セカンド・ソースとして同じ型番の台湾製や，型番が違うもののそのまま差し替え可能な韓国製もあります．

● TA7613AP

世界的に大成功した，東芝のラジオ用ICです．セカンド・ソースの多さが魅力です．

スーパーヘテロダイン方式で，FMラジオのフロントエンド部分を除けば，AM/FMラジオに必要なすべてのブロックを16ピンに収めています．ここでいう「すべて」は，スピーカを鳴らす低周波パワー・アンプまでを含むという意味です．

内部回路を気にして使う人は少ないと思いますが，ユニークな設計になっています．多くのAM/FM用ラジオ・チップでは，増幅系統をAM用とFM用，それぞれ別に設けるのが普通ですが，TA7613APは増幅回路を共用しています．SEPP形式でスピーカを鳴らす関係で，幾分高い電源電圧が必要です．ほぼオール・イン・ワンのラジオ用ICなので使いにくさが懸念されますが，その心配はありません．

既に東芝は生産を中止していますが，多くのセカンド・ソースがあり，入手は容易です．旧ソ連製らしいセカンド・ソースや欧州製のセカンド・ソース，台湾や韓国といったアジア製セカンド・ソースなどもあります．

● Si4825-A10

　内部の復調にデジタル信号処理(DSP)を使っているラジオIC
を搭載したモジュールは，使い方が決まっていて自由度のないも
のでした．ここでは，単独のラジオ用ICとして手に入るものを採
り上げます．

　シリコン・ラボラトリーズ社のSi4825-A10は，DSPによるIF
フィルタの機能と復調の機能を内蔵したDSPラジオです．同社は，
シリコン発振器でもお馴染みの会社です．

　このICは最も基本的な機能を持つうえに，AM/FMだけでな
く短波帯まで広くカバーします．しかも，まったくの無調整式で
すから製作はたいへん容易です．VHF帯のFM放送の性能には
疑問を持っていましたが，試作したところAMよりも良好なほど
でした．短波帯も良好に聞こえます．

　短波や超短波(VHF)を扱いますが，特殊な高周波用測定器は必
要なく，誰でも容易にマルチバンド・ラジオが製作できます．
16ピンの表面実装型のパッケージですが，ピンのピッチは
1.27 mmなので，はんだ付けは難しくありません．

● これからはディジタル・ラジオの時代

　ラジオに必要な機能，すなわち同調，選局，復調，増幅と言っ
た機能の多くをディジタル信号処理によって実現するラジオ用
ICが登場しています．

　ラジオ用ICのディジタル化は，むしろ他の無線通信より遅れ
ていた感じです．携帯電話やスマートフォンなど，今の移動体通
信機の中身はディジタル化が進んでいます．

　AMやFMといったラジオにも，ディジタル化は有効です．従
来必要だった同調機構を簡略化し，選択度を得るのに不可欠だっ
たIFフィルタ(中間周波フィルタ)を省略しました．DSPラジオ
ICは，これから急速に普及するはずです．

● オーディオ・パワー・アンプIC

　ラジオ専用のICではありませんが，ラジオが出力する信号でスピーカを鳴らすのに適した，低周波用パワー・アンプも**表1**に掲載しています．

　低周波パワー・アンプまで内蔵するラジオ用チップもありますが，多くは外付けが必要です．ラジオ用ICの電源電圧は3V以下が多いので，パワー・アンプも低電圧で動作し，消費電流の少ないものを選びます．

　従来，手軽なパワー・アンプICと言えば，ナショナル セミコンダクター社(現テキサス・インスツルメンツ社)のLM386やLM380が使われてきましたが，最低動作電圧が5Vくらいなので，乾電池2本のラジオには不適当です．

　ここでは，低電圧で動作するパワー・アンプICとして，新日本無線(JRC)のNJM2073Dとオン・セミコンダクター社のMC34119Pを使ってみました．ラジオ用としての性能はどちらも十分なので，お好みで選べば良いでしょう．いずれも最低電源電圧は約2Vなので，乾電池2本で動作するラジオには最適です．ほぼ電池がなくなるまで正常に動作してくれます．　＜加藤 高広＞

シンプルで実用的，3端子AMラジオの製作

3端子ラジオICを使う

● 内部はシンプルな構成のストレート式

　ストレート式はシンプルなので，自作入門用ラジオではポピュラーです．一番簡単なラジオとしてゲルマニウム・ラジオがありますが，増幅作用を持たないので感度に限界があります．しかし，アンテナを大きくするなどの工夫をして，より強く電波を捉えるトライもおもしろいです．

　ストレート・ラジオと言えば，再生検波を使って感度と選択度の向上を図ったものがポピュラーです．昔のラジオの形式で言えば，並4ラジオ*1のようなものです．わずかな能動素子(真空管)で良く聞こえるようにするには，再生式の検波*2は必須だったからです．その反面，再生の扱いが面倒で，受信する放送局を変えるたびに最適状態に調整するわずらわしさがありました．

　本章では，実用性を目指してICを使ったストレート・ラジオを作ります．

---

*1　並4ラジオ：3極管3本＋整流管1本で構成されたラジオ．3極管の後に5極管が発明され高価だったので，3極管＝普及クラスという意味合いで「並」という言葉が使われた．
*2　再生式の検波：検波管(初段)の出力を同調回路(アンテナ・コイル)に戻して再び増幅し感度を上げた検波方式．正帰還なので発振しやすいため調整が容易ではない．

初出：『トランジスタ技術』2014年8月号

● 3段の高周波アンプを内蔵

　3端子ラジオICは再生式ラジオではないため，操作は単純です．聞きたい局に合わせるだけです．それでもなお高感度なのは，IC内部に高周波増幅が3段入っていて，しかもゲインのあるトランジスタ検波回路を採用しているからです．

　簡単ながら，受信したラジオ局の電波の強弱をなるべく同じ音量に調整してくれるAGC（Automatic Gain Control）機能を持っているのも特徴で，放送局間の音量差が緩和されて実用的な性能が得られます．

● 元祖はフェランティ・セミコンダクターのZN414

　実用的なストレート・ラジオのICとして，3端子ラジオICがあります（**写真1**）．このラジオのオリジナルは，1970年代に登場したフェランティ・セミコンダクター社（英国）のZN414です．

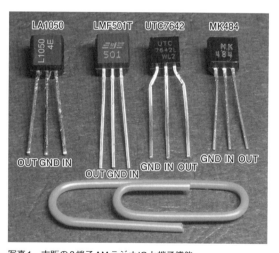

写真1　市販の3端子AMラジオICと端子機能
オリジナルのフェランティ社ZN414は入手できなかった．LA1050とLMF501Tもすでに入手困難．左の2つと右の2つは端子の並びが異なるが，図3の回路ではどれも安定に動作する

筆者が最初に見たのは，香港製のラジオ付き腕時計です．当時の香港は英国領だったので，ヨーロッパ系の電子部品が見られるアジアでも珍しい地域でした．フェランティ社はすでになくなっていますが，設計を受け継いだセカンド・ソースの3端子ラジオICの生産が続いています．

● 市販の3端子AMラジオIC

写真1左のLA1050（三洋電機製）はZN414の最初のセカンド・ソースでした．LA1050の生産中止と前後して登場したのがミツミ電機のLMF501Tです（これもすでに生産中止）．

さらに，内部回路に少し違いがあるようですがUTC7642（UTC製）とMK484（RAPIDエレクトロニクス）があります．UTC7642およびMK484は，左の2つとはピン配置が異なります．写真に示すような足の並びになっています．

● 内部回路

図1は，3端子ラジオICの内部ブロック図です．まず入力部にはインピーダンス変換回路があって，同調回路への負荷の影響を軽減しています．

その後，コンデンサ結合の高周波増幅器で3段増幅したのちに検波されます．外付けの負荷抵抗（AGC抵抗）の値に依存しますが，電力ゲインは72dB（標準）です．これは6石スーパーヘテロダインの検波回路までと同程度で，ラジオの高周波部として十分なゲインがあることがわかります．

また簡易なAGC機能があって，これも負荷抵抗に依存しますがAGC範囲は20dB*3以上とあります．これもだいたい6石スー

---

*3　20dB…すなわち，到来電波が10倍くらいの強度変化しても，圧縮して変動が現れないようにする能力をいう．高級通信機では60dB以上あるがAMラジオでは20dB程度，普通はそれで十分．

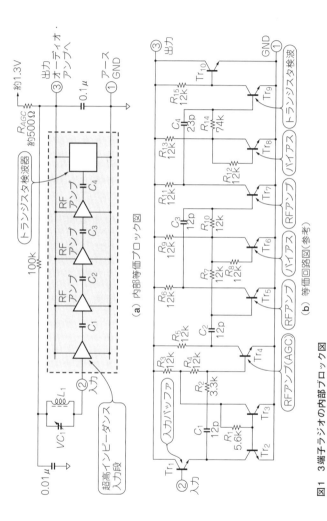

図1 3端子ラジオの内部ブロック図
高入力インピーダンスの入力アンプに続き，ICでは珍しいCR結合回路で3段増幅したあとにトランジスタ検波器で検波される．入力端子のバイアスを変化させてAGCを行っている．あまりAGCの範囲は広くないが，ローカル放送の受信用には十分

(a) 内部等価ブロック図

(b) 等価回路図(参考)

58

パーヘテロダイン並です.

　見かけはトランジスタと同じ3端子ですが，ラジオとして必要な機能がギュッと詰め込まれています．これを上手に使えば，十分実用的なラジオが作れます.

確実に動かす方法と性能出しのアイデア

● メーカ推奨回路そのままでは動作が不安定

　メーカの推奨回路を図2に示します．この回路は，小さなバー・アンテナでも良く聞こえるように考えられています．腕時計型ラジオでは，マッチ棒の半分くらいのバー・アンテナに細い線がたくさん巻いてありました．小さいコアに細い巻線なので，コイルのQ[*4]も小さく性能は低かったはずですが，それでも良く聞こえました.

　しかし，**写真2**のように大きなバー・アンテナを使うと発振気

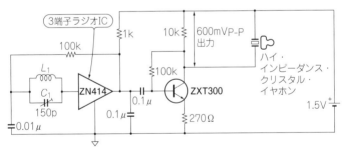

図2　3端子ラジオのメーカ推奨回路
フェランティ社による3端子ラジオIC Z414の推奨回路．ZTX300は一般的なNPN型トランジスタ．2SC1815Yなどで代替可能．クリスタル・イヤホンが入手できなければセラミック・イヤホンを使う．この回路はL_1に小さなバー・アンテナを使うことを想定しているようで，大きなバー・アンテナを使うと発振することがある

---

*4　Q値とは，同調回路の「良さ」を表す数字．共振回路では，蓄えられているエネルギを振動1周期間に失われるエネルギで割った値．動作Qとは，共振回路を実際の回路内に置いたときのQの値で，無負荷時のQであるQ_uより必ず小さな値になる．これは共振回路からエネルギを取り出すため

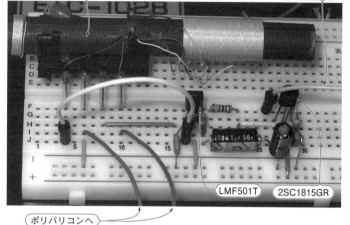

写真2 大き目のバー・アンテナと組み合わせた例
大きなバー・アンテナを使うと発振しやすい3端子ラジオICもある. 図3のようにリンク・コイルを利用するとどのICでも安定に動作した. コイルのQも上昇するようで, 選択度も良くなる

味になって不安定でした. 普通のトランジスタ・ラジオ用に作られたバー・アンテナでは, 共振インピーダンスが高くなり過ぎるのでしょう. せっかく大きなバー・アンテナを使っても, 発振気味では性能を生かせません. 特に, UTC7642とMK484は発振しやすい傾向があります. 内部回路か内部トランジスタの特性に, 違いがあるようです.

● メーカの推奨回路を安定に動くように改良する

回路図を図3に, 使用する部品を表1(章末に掲載)に示します. ごく小さなバー・アンテナで作る場合は図2の回路でも大丈夫ですが, 普通に入手できるサイズのバー・アンテナなら図3の回路が適しています.

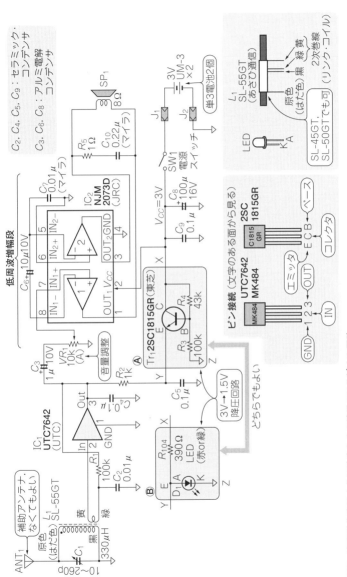

図3 安定動作するように改良した3端子AMラジオの回路

低周波増幅段を設けてスピーカ駆動可。感度の高い大きなバー・アンテナも使用できる。ANT₁は補助アンテナ。感度が悪ければ数mのビニル線を追加する。降圧回路は④と⑧のどちらを使ってもよい。ICはLA1050やLMF501Tも使える。ただしピン配置が異なるので写真1を参照

61

バー・アンテナはインダクタンスが330μHで，なるべく2次巻き線付きを選びます．組み合わせるのは，最大容量が260pFのAM用単バリコンです．どうしてもAM用単バリコンが手に入らないなら，スーパーヘテロダイン用のトラッキングレス（本章のコラム参照）2連バリコンのアンテナ側（140pF）と発振側（82pF）を並列にして代用します．350pFの等容量2連バリコン*5の片側を使ってもよいでしょう．バー・アンテナの巻き線をコア上で移動することにより，受信範囲を調整できます．

▶安定動作と感度UPのための工夫

　受信信号は同調側から直接取り出すのではなく，2次側のリンク・コイルから取り出します．リンク・コイルは同調側巻き数の10〜20％が適当です．リンク・コイルのないバー・アンテナなら自分で2次巻線を追加しても構いません．

　このようにすると，同調側のインピーダンスが巻き数比の2乗で低く変換されるため，ラジオICは安定に動作します．

　その代わり，巻き数比だけバー・アンテナに誘起した信号は小さくなるので，感度はいくぶん低下します．しかし，ICが直接つながれるよりも，同調回路に及ぶ影響は小さくなります．同調回路の動作Q（負荷回路をつないだときのQ）が上昇するので，感度低下は思ったほどありません．バー・アンテナのQが上昇すると選択度も向上するので，放送局の分離も良くなります．この分離の問題はストレート・ラジオの課題（欠点）なので，リンク・コイル式はとても効果的です．誰が作っても間違いのない回路です．

● BTL接続で3Vでスピーカをバッチリ駆動

　スピーカを鳴らすために，オーディオ・アンプを付加します．

＊5　等容量2連バリコン：2つのバリコンが同一軸によって連動するもののうち，どちらのバリコンも同じ静電容量をもっており，しかも軸の回転角に伴いどちらも同じ容量値になるもの．なお，トラッキングレス・バリコンは，2つの容量が違う，不等容量2連バリコンになっている．

図3のIC₂ NJM2073Dは，3Vの電源電圧で8Ωのスピーカに200mW以上のパワーが得られます．200mWというのは普通の部屋で聞くには十分な音量で，パーソナルなラジオには適当なパワーです．

▶電源電圧は低くてもパワーが出るBTL

NJM2073Dの内部には2つのアンプがあり，うち一方を同振幅の逆相で増幅させるBTL*6形式です．そのため，3Vで6V電源のアンプと同程度のパワーが得られます．

ただし，スピーカの両端子ともに，回路のGNDから浮く欠点があります．ゲインは44dB(約160倍)あるので，3端子ラジオでも大きな音でスピーカを鳴らせます．無音時の消費電流は6mA(標準)とわずかなので，乾電池が電源のラジオに最適です．

● 電力の消費を小さく抑える工夫

3端子ラジオICに与える約1.5Vは，トランジスタを使った降圧回路で得ています．ここにトランジスタを使うのは，消費電流を少なくするためです．

消費電流が2mAほど増えても良ければ，図3の囲み(B)のようにLEDを使います．こうすれば，LEDによる電源ON表示も兼用できます．順方向電圧約1.8VのLEDを使う回路なので，赤もしくは緑のLEDが適します．青や白のLEDは順方向電圧が3V近いので，不適当です．LEDがなければ，小信号用のシリコン・ダイオードを2つ直列にしたもので代用できます．

● 使用感

製作した3端子AMラジオを，**写真3**に示します．筆者が住む関東地方では，昼間は地元のラジオ局がバー・アンテナだけです

＊6　BTL：Bridged Transformer Lessの略で，2つのアンプを使い一方を正相で，他方を逆相で動作させ，低い電源電圧で大きなパワーを得ようとする増幅方式．

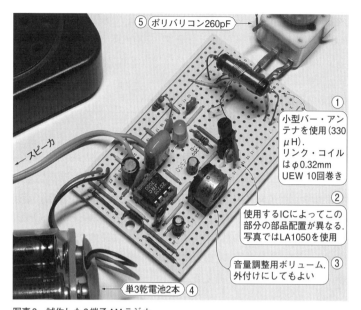

⑤ ポリバリコン260pF →

① 小型バー・アンテナを使用(330μH). リンク・コイルはφ0.32mm UEW 10回巻き

② 使用するICによってこの部分の部品配置が異なる. 写真ではLA1050を使用

③ 音量調整用ボリューム. 外付けにしてもよい

← スピーカ

単3乾電池2本 ④

写真3　試作した3端子AMラジオ
図3の回路図と細部が異なる. 降圧回路は回路図のBで示した回路を採用している. バー・アンテナは自作品

べて聞こえます. 夜間は遠くの局も良く聞こえてきますが, AGCの性能があまり良くないので, 強い局と弱い局の音量差がありました.

選択度はあまり良くないのですが, 逆に高音までよく復調されるため, 音質はまずまずです. AGCの効果で特に強い局は同調範囲が広く感じられます. パーソナルなAMラジオとしては及第点でしょう.　　　　　　　　　　　　　　　　　　＜加藤　高広＞

◆引用文献◆

・zn414dat.pdf, ZN414 Issue 3,March,1973, FERRANTI semiconductors.

・zn414app.pdf, ZN414 Application Note, 1973, FERRANTI semiconductors.

・LMF501T.pdf, ラジオ用ワンチップIC LMF501, ミツミ電機(株)

表1　3端子ラジオ用ICを使ったAMラジオの部品表

部品番号	種類	型番・種別	備考
IC$_1$	IC	UTC7642	3 端 子 ラ ジ オ IC LA1050, LMF501T, TA7642, MK484 な どでも良い
IC$_2$		NJM2073D	低周波増幅用
Tr$_1$	トランジスタ	2SC1815-GR	2SC2458-GR でも良い　A の降圧回路を選択する場合に使用
D$_1$	LED	赤色または緑色	B の降圧回路を選択する場合に使用
R$_1$	抵抗	100 kΩ 1/4 W	カーボン型　誤差±5 %
R$_2$		1 kΩ 1/4 W	カーボン型　誤差±5 %
R$_3$		100 kΩ 1/4 W	カーボン型　誤差±5 %　A の降圧回路を選択する場合に使用
R$_4$		43 kΩ 1/4 W	カーボン型　誤差±5 %　A の降圧回路を選択する場合に使用
R$_5$		1 Ω 1/4 W	カーボン型　誤差±5 %
R$_{104}$		390 Ω 1/4 W	カーボン型　誤差±5 %　LED 用 B の降圧回路を選択する場合に使用
VR$_1$	可変抵抗	10 kΩ A 型 φ16 mm	ツマミも用意する
C$_1$	ポリバリコン	単連 260 pF	250〜300 pF のものなら OK
C$_2$	コンデンサ	0.01 μF 50 V	セラミック
C$_3$		1 μF 10 V	アルミ電解　極性あり
C$_4$, C$_5$, C$_9$		0.1 μF 25 V	セラミック
C$_6$		10 μF 10 V	アルミ電解　極性あり
C$_7$		0.01 μF 50 V	マイラまたはフィルム
C$_8$		100 μF 16 V	アルミ電解　極性あり
C$_{10}$		0.22 μF 50 V	マイラまたはフィルム
L$_1$	バー・アンテナ	330 μH	SL-55GT あさひ通信 SL-45GT, SL-50GT も可
SW$_1$	トグル・スイッチ	1回路2接点	3 ピン型
SP$_1$	スピーカ	8 Ω 10 cm	8 Ω なら何でも良い
	ツマミ	φ6 mm 軸	C$_1$, VR$_1$ 用
	延長シャフト	φ6 mm L＝10 mm	C$_1$ にツマミ取り付け用
J$_1$, J$_1$	電源端子		
	ICソケット	3 ピン	トランジスタ用　シングル・インライン
		8 ピン	DIP 型　デュアル・インライン
	バッテリ	UM-3(単3乾電池)	2本
	ユニバーサル基板	ICB-93S	サンハヤト　サイズが70×90mm 程度のもの. ブレッドボード・パターンの基板でもよい

ケースに収納するための部品は別途必要. ブレッドボードでの試作も推奨.

コラム　AMラジオを簡単に作りたいなら
　　　　　トラッキングレス・バリコン

　スーパーヘテロダインにおいては，アンテナ同調回路の「同調周波数」と局部発振器の「発振周波数」が常に中間周波数の分だけ離れて連動する必要があります．この連動のことをトラッキングといい，スーパーヘテロダインの設計と調整のかなめです．

　トラッキングレス・バリコンは，煩雑なトラッキング回路の設計を簡略化し，調整も容易になり，ラジオを作りやすくします．ただし，あらかじめ決められている受信範囲があって，それを外れるとむしろトラッキングの誤差（トラッキング・エラー）が大きくなります．

　AMラジオの場合，トラッキングレス・バリコンを使うと既成のアンテナ・コイルや局発コイルが使えるうえ，製作後のトラッキング調整も容易です．ただし，トラッキング調整が不要になるわけではありません．　　　　　　　　　　　　　　＜加藤　高広＞

第6章

関東一円の放送局をキャッチ！

高感度スーパーヘテロダイン方式AMラジオ

ワンチップAMラジオIC LA1600を使う

● 1980年代生まれで実績十分

LA1600は，1980年代に三洋電機が開発したAMラジオ専用のICです．すでに生産中止のICですが，たいへんポピュラーであり，今でも入手は容易で安価です．

機能を絞り，少ない外付け部品で簡単に高性能なスーパーヘテロダイン（以下，スーパー）方式のAMラジオを作れることが，最大の特徴です．そのほかにも次のような特徴があります．

- AMラジオに特化しており，非常にシンプル
- 高周波増幅回路も内蔵しているので，トランジスタを6個使った昔の6石スーパーと比べてかなり高感度
- 低い電源電圧でも安定に動作し消費電流も少ない

写真1のように，パッケージは9ピンのシングル・インライン型で，配線が引き回しやすく周辺部品のレイアウトも容易です．コイル周りの配線に少し工夫が必要ですが，ブレッドボード上に作りました．

総合的に見て性能も十分で，パーソナルなAMラジオとして合格でしょう．LA1600はシンプルで高性能なためホビーストに愛されたラジオ・チップでした．

初出：『トランジスタ技術』2014年8月号

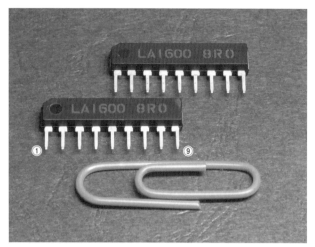

写真1　高感度ワンチップAMラジオIC LA1600
少ない外付け部品でAMのスーパーヘテロダイン受信機が作れる. 高周波増幅が付いているので短波帯でも高感度である. すでに生産中止しているがまだ容易に手に入る

● **受信回路はスーパーヘテロダイン方式**

　内部回路を図1に示します. 捉えた電波は, まずRF(高周波)アンプで増幅されます. 続いて2重平衡型ミキサで中間周波に変換します. 外付けのIFT(中間周波トランス)とセラミック・フィルタ*1を通過した信号は中間周波増幅部に入ります.

　十分増幅された後, 検波回路で検波されて音声信号が取り出されます. 検波回路では信号強度に応じたAGC電圧を得て中間周波増幅部へ戻してゲインをコントロールし, 出力がなるべく一定になるように動作します.

　局発回路は2端子型の帰還型発振回路になっており, わずかのピン数を割り当てるだけで済むように工夫されています. この発

*1　セラミック・フィルタ:圧電セラミック素子を使った電気的フィルタ素子(部品)のこと. AMラジオ用の455kHz帯用とFMラジオ用の10.7MHz帯用のものがポピュラー.

68

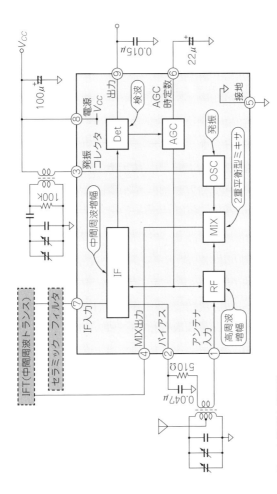

図1 内部回路と周辺回路
9ピンのパッケージの中にスーパーヘテロダイン受信機の高周波部分がすべて入っている．高周波増幅回路付きなので高感度でAGCも良く効く

69

振回路はモトローラのVCO*2であるMC1648で採用されたのが最初でしょう．

6番ピンはAGC回路の時定数コンデンサを付けます．AMラジオでは平均値AGC*3を掛けるのが普通です．9本しかピンがないので，外付け部品はおのずと少なくて済みます．

ラジオの性能を左右する重要部品

■ 鍵を握る「バー・アンテナ，局発コイル，バリコン」

図2に示す回路で試作しました．**表1**(章末に掲載)に部品表を示します．スーパー方式のラジオでは，アンテナ・コイルと局発コイル，それらに適した2連バリコンが必須です．バー・アンテナとOSCコイル，バリコンはマッチしたものを使うのが大切です．選定を間違えると予定の受信範囲が得られないばかりか，感度もたいへん悪くなってしまいます．トラッキングが取れていない現象が起こります．

中波AMのスーパー方式用には，過去大量に作られた標準的なLC部品があるので，入手性は心配いりません．

● トラッキングレス・バリコンと600μHのバー・アンテナ

容易に手に入るスーパー方式用2連バリコンは，アンテナ側最大容量が140pFで局発側は80pFのトラッキングレス型です．まれにアンテナ側が160pFの物もありますが，同等に使えます．

このようなバリコンを使うと，アンテナ・コイル(バー・アンテ

---

*2　VCO：Voltage Controlled Oscillatorの略で，電圧により発振周波数を変化できる発振器のこと．主にPLL(Phase Locked Loop)回路で使われる．
*3　平均値AGC：入力信号の平均値にもとづいて利得を自動制御する受信機のAGC(Automatic Gain Control)方式のこと．信号のピーク値に基づく尖頭値AGCと対比される．

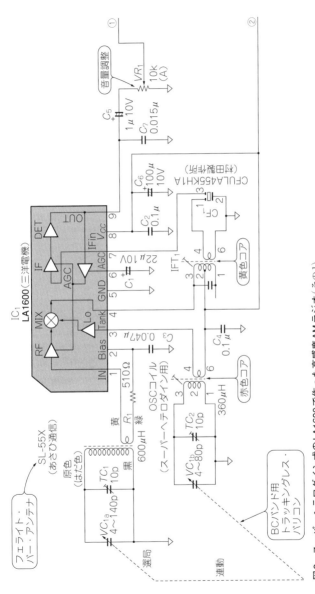

図2 スーパーヘテロダイン式のLA1600で作った高感度AMラジオ（その1）
少ない部品でもとても高感度なラジオが作れる．フェライト・バー・アンテナは600μHのもの．類似の型番でもインダクタンスの少ないSL-55GTは使えない．バリコンは140pFと80pFのトラッキングレス型2連を必ず使う

71

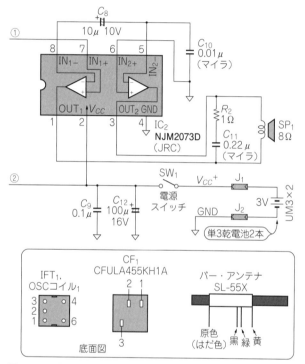

$C_1, C_5, C_6, C_8, C_{12}$：アルミ電解コンデンサ
$C_2 \sim C_4, C_7, C_9$：セラミック・コンデンサ
C_{10}, C_{11}：マイラ
TC_1, TC_2：セラミック・トリマ
　　（ポリバリコンに付属の場合は不要）

図2　スーパーヘテロダイン方式のLA1600で作った高感度AMラジオ
（その2）

ナ）と局発コイルは自動的に決まってしまいます．バー・アンテナ
はインダクタンス600 μHを使います．

● 320 μHの局発用コイル

　局発コイルのインダクタンスは，320 μHです．市販の局発コイ

ルの多くは，6石スーパーでの使用を想定しているようです．トランジスタ（ディスクリート）ラジオの局発（OSC）コイルとして市販されています．

LA1600のようなICラジオへの適否を調べたところ，問題なく使えました．同調側にタップが付いているのが普通ですが，それは無視して使います．一般に，調節用のねじコアは赤色にペイントされています．

いずれのコイルも，±10％くらいインダクタンスを可変できるのが普通なので，近いインダクタンスの値で支障ありません．

なお，ストレート・ラジオで使ったバー・アンテナは，インダクタンスが少なすぎるので不適当です．スーパー方式も実験するつもりなら，初めからスーパー方式用のアンテナ・コイルとバリコンを選んでおくと，無駄になりません．

■ その他の部品

● 455kHzのトランジスタ用中間周波トランス（IFT）

▶中間周波トランスと局発コイルの接続

中間周波トランス（IFT : Intermediate Frequency Transformer）とセラミック・フィルタは目新しい部品でしょう．IFTは，455kHzのトランジスタ用を使います．図3のように，3本ピンが出ているラインが同調側，2本のラインが2次側です．図2の例では2次側にセラミック・フィルタを接続しています．

市販IFTのほとんどは，6石スーパー用として用意されている3種類です．コアが黄色の初段用もしくは白色の段間用を使えばよいでしょう．図3のピン番号を参照し，図2のように接続します．

● 通過帯域6kHzのセラミック・フィルタ

セラミック・フィルタのカタログを見るとたくさんの種類があ

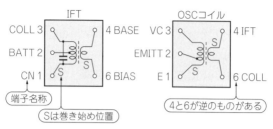

図3 中間周波トランスと局発コイルの接続
底面図(足ピン側から見た図). 端子の名称はコイル・メーカの資料による. 最近売られている中国製らしいものを除けば, ほぼ統一されている

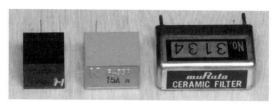

写真2 本器の製作に使える455kHz AM用セラミック・フィルタ
セラミック・フィルタを使うと良い選択度が簡単に得られる. ラジオの用途に応じて, 最適な通過帯域幅のものを選択する. ローカル放送の聴取には帯域幅が広いと再生音域が広がる. 遠距離の局を狙うなら狭いほうが混信を減らせる.

って, どれを選んだらよいか迷います. しかし, 入手できるものは限られています. ここでは, **写真2**左のCFULA455KH1Aを使いました. 通過帯域幅は6kHzで, インピーダンスは2kΩです. ラジオ用としては, 選択度の良いものです.

ほかのセラミック・フィルタでも, インピーダンスが1k～2kΩくらい, 通過帯域幅が6k～10kHzなら十分使えます. 市販のICラジオには, SFULA455KU2A/B(**写真3**)がよく使われています.

スーパー方式のラジオの選択度は, フィルタの特性で決まります. 一般的なAMラジオには6～10kHz幅が適当ですが, 特にHi-Fi(High Fidelity)受信を目指すなら, 15kHzくらい幅があってシェープ・ファクタ[*4]の良いものを使うと効果的です.

写真3　セラミック・フィルタ SFULA455KH1A
入手しにくいときは一般的な
CFULA455KU2Aでもよい

製作と性能出しのヒント

● ブレッドボードに実装

ブレッドボードに組み立てました．シンプルなので，実装は難しくありません．ただし，コイル類は端子の並びがブレッドボード向きではなかったので，**写真4**のようにユニバーサル基板を小さく切り出して利用しています．セラミック・フィルタも足が短く並びも変則的だったので，リード線を延長して実装しました．

LA1600の5番ピンはGND端子なので，ストレートにGNDラインに接続します．写真の例では，ブレッドボードの上下のGNDラインに接続して，安定動作を確保しています．中波帯と周波数が低いので，高周波回路とはいっても難しくありません．しかし，むやみに配線を長くすると安定な動作が難しくなるので，なるべく最短になる配線を心がけてください．

＊4　シェープ・ファクタ：フィルタの選択性を数値的に示したもので，通過帯域の中心から−6dB信号が下がった部分の帯域幅B6で，−60dB下がった帯域幅B60を割った値で示される．理想は1．セラミック・フィルタでは2〜6程度．

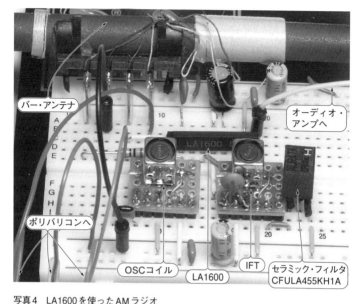

写真4　LA1600を使ったAMラジオ
ブレッドボードに部品を実装．局発コイルとOSCコイル，中間周波トランス(IFT)はメーカの資料に基づいて自作したが既製品でもよい．

バー・アンテナ

オーディオ・アンプへ

ポリバリコンへ

OSCコイル

LA1600

IFT

セラミック・フィルタ CFULA455KH1A

● オーディオ・アンプを追加する

スピーカを鳴らすために，オーディオ・アンプを付加します．図2のIC2 NJM2073Dは，3端子ラジオでも使ったICです．電源電圧はLA1600と同じ3Vが使え，ゲインは44dB(約160倍)あるので，うまくマッチします．LA1600は消費電流が少ないので，乾電池式のラジオにも最適です．

● 高感度！関東ラジオ局の多くをキャッチ

性能の良いAMラジオになりました．昼間は，筆者が住む関東地方のラジオ局が，バー・アンテナですべて聞こえます．AGC(自動ゲイン制御)の性能が良いので，強い局と弱い局の音量差は余りありません．同じような音量でも，電波強度の弱い局はS/Nが

悪くなってノイズが大きいのでわかります.

　選択度は，セラミック・フィルタCFULA455KH1Aの性能に依存します．十分な選択度があるので，混信に悩まされることはありません．その代わり，高音部がカットされるので，トーク中心の内容ならともかく，音楽ではやや物足りない気がしました．信号が強いローカル局を専門に聞くのなら，もっと帯域幅の広いフィルタが使えます. 　　　　　　　　　　　　　　　　　　　＜加藤　高広＞

◆引用文献◆
・LA1600.pdf，半導体ニューズ No.2056-1，三洋電機(株)

表1 LA1600を使ったAMラジオの部品表

部品番号	種類	型番・種別	備考
IC$_1$	IC	LA1600	三洋AMラジオ用IC
IC$_2$		NJM2073D	JRC低周波増幅
R$_1$	抵抗	510Ω 1/4 W	カーボン型　誤差±5%
R$_2$		1Ω 1/4 W	カーボン型　誤差±5%
VR$_1$	可変抵抗	10kΩ A型 φ16mm	
C$_1$	コンデンサ	22 μF 10 V	アルミ電解　極性あり
C$_2$		0.1 μF 25 V	セラミック
C$_3$		0.047 μF 25 V	セラミック
C$_4$		0.1 μF 25 V	セラミック
C$_5$		1 μF 10 V	アルミ電解　極性あり
C$_6$		100 μF 10 V	アルミ電解　極性あり
C$_7$		0.015 μF　50 V	セラミック
C$_8$		10 μF 10 V	アルミ電解　極性あり
C$_9$		0.1 μF 25 V	セラミック
C$_{10}$		0.01 μF 50 V	マイラ・フィルム
C$_{11}$		0.22 μF 50 V	マイラ・フィルム
C$_{12}$		100 μF 16 V	アルミ電解　極性あり
VC$_1$	ポリバリコン	140pF + 80 pF	BCバンド用トラッキングレス型
TC$_1$	セラミック・トリマ	10pF	バリコンに付属の場合不要
TC$_2$	セラミック・トリマ	10pF	バリコンに付属の場合不要
L$_1$	バー・アンテナ	600 μH	SL-55Xあさひ通信　BA-670(アイコー)でも良い
OSC	OSCコイル	360 μH	赤色コア　スーパー用OSCコイル
IFT$_1$	中間周波トランス	455 kHz	黄色コア6石スーパ初段用
CF$_1$	セラミック・フィルタ	CFULA455KH1A	村田製作所 SFULA455KU2Aも使える
SW$_1$	スナップ・スイッチ	1回路2接点3P型	
SP$_1$	スピーカ	8Ω 10cm	8Ωなら何でも良い
	ツマミ	デザインは好みで	VC$_1$用，VR$_1$用2個使用
	延長シャフト	φ6mm L=約10mm	ポリバリコン用
J$_1$	電源端子		
J$_2$	電源端子		
	ICソケット	SIP型9ピン	シングル・インライン
		DIP型8ピン	デュアル・インライン
B$_1$	乾電池	UM-3(単3)	2個使用
	ユニバーサル基板	ICB-93S	サンハヤト70×90mmくらいのもの

おもに配線基板の上に載せる電気部品の一覧です。ケースに収納するための部品は他に必要です。

配線には細い電線、ハンダが必要です．ブレッドボードでの試作も推奨します．

帯域15kHzの高音質AMラジオの製作

AM/FMともに対応するTA2003P

● セカンド・ソースも多く容易に入手できる

TA2003Pは東芝製のAM/FMラジオ用のICです．すでに東芝は生産中止していますが，セカンド・ソースがたくさんあり，アジアで生産されているラジオには，とてもポピュラーに使われているICです．

東芝製，UTC製のTA2003があるほか，SAMUSUNGのS1A2297も同等品です．いずれも，国内通販で容易に入手できます．写真1のようにパッケージは16ピンのDIP型です．

● ラジオの機能をほとんど内蔵したIC

AMラジオとFMラジオの高周波部を内蔵しており，低周波のパワー・アンプを付けるだけで，AM/FMラジオが完成します．第6章で作ったLA1600にはなかったFM受信機能があります．しかし本章では，AMラジオとしてHi-Fi受信を目指します．

中間周波トランス(IFT)を使わない設計のため，無調整でセラミック・フィルタの特性がストレートに現れます．ほかの多くのラジオが約6kHzに絞った選択度のため高音がかなりカットされるの対し，15kHz幅のフィルタを使ったのでAMラジオとしては広い音域で受信できます．

初出：『トランジスタ技術』2014年8月号

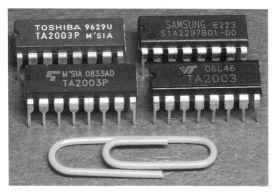

写真1　AMとFMの復調に必要な回路をすべて内蔵するワンチップ・ラジオIC
少ない外付け部品でAM/FMラジオが作れる．人気を反映してかセカンド・ソースがたくさんある．左の2つは東芝マレーシア製．右上はサムスンの互換品．下は台湾製のセカンド・ソース

　同じ東芝製で，TA2003Pの前身のようなチップのTA8164も同等機能のICですが，ミキサ出力にIFTが必要なので，TA2003Pとまったく同じ回路では働きません．

● **IF部は無調整**

　FMの復調では，外付けのセラミック・ディスクリミネータ[*1]を使っています．従って，FMラジオに付き物のS字カーブの調整は不要です．このように，AMもFMもIF部が無調整化されているのが最大の特徴です．IF部を無調整化するという思い切った設計には心配もありましたが，試作した結果はラジオとして支障のない性能が得られました．

―――――――――――――――――――――――――――――――――――――
[*1]　ディスクリミネータ：Frequency discriminator（周波数弁別器）のことで，FM受信機においてはFM変調波から変調成分を取り出す（検波）する機能・回路をいう．

TA2003Pの内部回路

● AMとFMは切り替え式

　内部回路を図1に示します．ICには，AM/FMのどちらも同じ機能が含まれています．AMとFMは切り替え式なので，同時に動かすことはできません．FMのRFアンプは非同調なので，FM放送帯を通すバンドパス・フィルタを外付けします．これは安価なFM2連，AM2連バリコンの使用を想定しているからでしょう．AMは，フェライト・バー・アンテナで電波を捉えます．

● IF段はセラミック・フィルタだけ

　捉えた電波は，最初に各RFアンプで増幅されます．続いて，それぞれのミキサ回路で中間周波に変換されます．選択度は，外付けのセラミック・フィルタにすべて依存します．フィルタを通過した信号は，それぞれの中間周波増幅部に入ります．

　十分増幅された後，検波回路で検波されて音声信号が取り出されます．AM検波回路では，信号強度に応じたAGC電圧を得て中間周波増幅部へ戻してゲインをコントロールし，出力が一定になるようにします．

● 局部発振回路

　局発回路は，AMが2端子型の帰還型発振回路です．FMは，1石のコルピッツ等価発振回路です．内部回路定数から，あまり低い周波数の発振には向きません．VHF帯用でしょう．5番ピンは，AM用AGC回路の時定数用コンデンサ*2を取り付けます．

---

*2　時定数用コンデンサ：AGC回路は自動制御回路なので，遅れ要素にあたる積分時定数を持たせるためのコンデンサ．

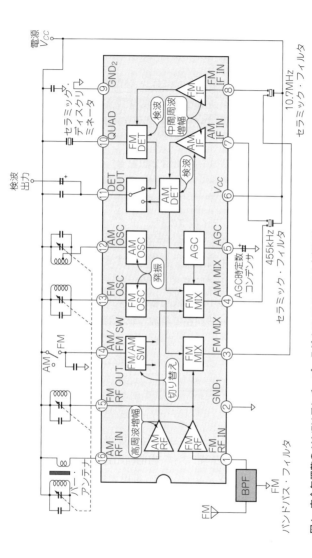

図1 完全無調整のAM/FMワンチップ・ラジオ TA2003Pの内部回路

AM/FMラジオの高周波部分をすべて含む。IFフィルタはセラミック・フィルタだけ、FMのディスクリミネータもセラミック型になっているので無調整。ミキサ出力とIFアンプ入力はIFアンプ入力は外付け部品なしでセラミック・フィルタにマッチするようになっている。外付け部品が少ないのが特徴

ICに付加する部品

試作回路を図2に，部品表を表1(章末に掲載)に示します．本章ではAMラジオのみを試作しFMラジオ機能は割愛しますが，FMラジオに関しても説明を入れておきます．

● トラッキングレス・バリコン

中波AMラジオの製作には，第6章のLA1600を使用したラジオと同じ部品が使えます．バリコンはスーパー用2連型を使います．もしFMにもチャレンジしたいなら，FM2連付きの4連バリコンを選ぶと良いでしょう．

AM用のバリコンには，アンテナ側の最大容量が140pF，局発側は80pFの，トラッキングレス型の親子バリコンを使います．まれにアンテナ側が160pFの製品もありますが，同等に使用できます．

● バー・アンテナと局発コイル

バー・アンテナと局発コイルは自動的に決まります．バー・アンテナは，インダクタンスが600μHのものです．ストレート・ラジオで使ったバー・アンテナは，インダクタンスが少な過ぎるので不適当です．LCRメータがあれば，フェライト・バーに自分で巻いて作るのもよいでしょう．

局発コイルはインダクタンスが320μHのものを使います．市販の局発コイル(一般的にコアが赤色をしている)は，6石スーパーでの使用を想定したものですが，TA2003Pでもそのまま使えます．

いずれのコイルも，一般的にインダクタンスは±10％くらい可変できるので，近似インダクタンスのもので大丈夫です．

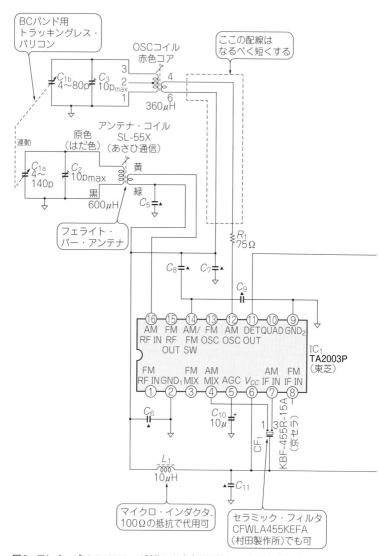

図2　ワンチップIC TA2003Pで製作した完全無調整の高感度AMラジオ

試作ではシールドされたアンテナ・コイルを使ったが，普通の製作では図のようにバー・アンテナを使う．バリコンとバー・アンテナ，OSCコイルはかならずマッチしたものを使う．バリコンはトラッキングレス型，アンテナ・コイルは600μH，OSCコイルは360μHのものを使う．これらがそろって初めて高感度なラジオになる

84

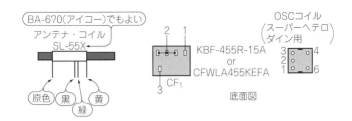

C_2, C_3：セラミック・トリマ（バリコンに付属の場合は不要）
▲C_5～C_9，C_{11}，C_{17}，C_{19}：セラミック・コンデンサ 0.1μ25V
C_{12}，C_{13}：セラミック・コンデンサ
C_{10}，C_{14}～C_{16}，C_{18}：アルミ電解コンデンサ

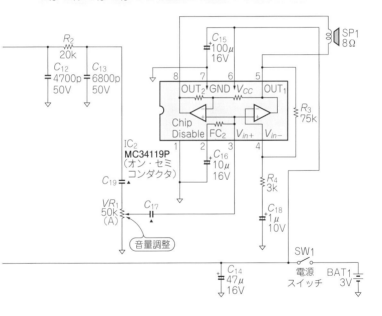

● セラミック・フィルタ

中間周波部分に，IFT は必要ありません．選択度は，セラミック・フィルタに依存します．AM 用は中心周波数が 455 kHz で帯域幅が 6〜10 kHz 程度のもの，FM 用は中心周波数が 10.7 MHz で帯域幅が 200 kHz のものを選びます．推奨回路では，SFU455C5 という約 6 kHz 幅のフィルタを使っています．

AM ラジオ放送の音声帯域は，10 kHz 程度まで伸びています．AM 変調波は，キャリアの上下に同じ信号があり，IF フィルタの帯域幅の約半分が復調されるので，6 kHz の IF フィルタでは 3 kHz 以上の高音はカットされます．ニュースなどでの人の声の聴取には支障ありませんが，音楽には物足りないので，広い IF フィルタを選んでみます．

試作した AM ラジオでは，京セラ製の KBF-455R-15A（−6 dB 通過帯域幅が 15 kHz，−50 dB 帯域幅は 30 kHz 以下）という広いフィルタを選びました．もともとは，モバイル機器用に作られた狭帯域 FM 用のフィルタです．−50 dB/−6 dB でのシェープ・ファクタは 2 以下なのでかなり優秀です．同等品に村田製作所の CFWLA455KEFA があります．

帯域幅が広くてシェープ・ファクタが良くないフィルタを選ぶと，隣接局との混信が起こるため，無闇に広いフィルタは使えません．しかし，このフィルタはシェープ・ファクタが良いので，AM ラジオでも混信せずに Hi-Fi 受信が可能です．

オーソドックスに SFULA455KU2A/B でもよいのですが，10〜20 kHz 幅のフィルタも出回っているので，試してみるのも面白いものです．

製作と性能出しのヒント

● メーカ推奨回路を改良してユニバーサル基板に実装

　写真2のように，ユニバーサル基板に試作しました．この試作では，感度などの基本性能を詳細に調べる意味で，アンテナ・コイルにバー・アンテナは使用せず，シールドされたコイルを使いました．普通のラジオとして製作するなら，もちろんバー・アンテナを使います．

　試作回路は，**図3**に示すメーカの評価用回路から，少し変更しています．評価用回路では，バリコンや各コイルは，電源の＋側へ戻すような回路になっています．ポケット・ラジオのような簡

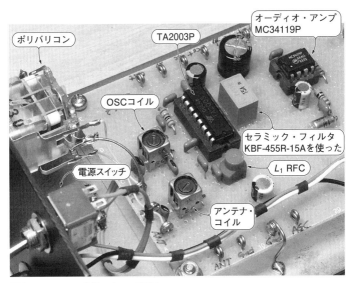

写真2　TA2003Pを使ったAMラジオ
OSCコイルとアンテナ・コイルはメーカの資料に従い自作したが，市販の「OSCコイル：赤色コア6石スーパー用」「ANTコイル：SL-55X(あさひ通信)またはBA-670(アイコー)」が使える．

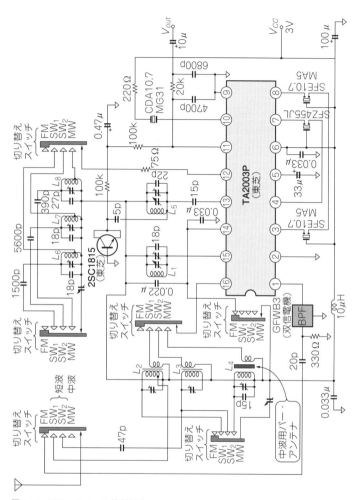

図3　TA2003Pのメーカ推奨回路

メーカのアプリケーション・ノートにある，中波，短波1，短波2，FMの4バンド・ラジオの回路例．AMはバー・アンテナ，SWとFMはホイップ・アンテナを使う．コイル類のコールド・エンド側をすべて+V_{cc}に戻す設計．単独のラジオならそれでもよいが，ほかへの応用を考えると不便．図2の試作例ではコールド・エンドをGNDへ落としている．GNDにRF電流を流さないほうがIC自身によるビート妨害を防ぐなどの効果があるようだが，特に支障はなかった

88

単なラジオ受信機には，推奨回路そのままでも支障はありません．

しかし，このICをもう少し幅広く応用しようと思うと，推奨回路のままでは不都合があります．コイルやバリコンのコールド・エンド側は普通の回路で見るようにGND側（電源のマイナス側）に接続したくなります．

ここでは，そのような使い方で支障がないか確認する意味で，**図2**のように，必要な経路のみV_{CC}側に接続するように変更しました．

● **オーディオ・アンプを追加する**

スピーカを鳴らすために，オーディオ・アンプを付加します．**図2**のIC2 MC34119Pは，第5章の3端子ラジオや第6章のLA1600のラジオで使ったNJM2073Dと機能は類似ですが，ピン配置は異なっています．ゲインを自由に設定できるので使いやすいです．

入手性の良いNJM2073Dを使うなら，3端子ラジオICやLA1600を利用したラジオと同じオーディオ・アンプ回路でよいでしょう．

MC34119Pは，ゲイン50倍（34dB）に設計しています．もう少しゲインを高くしてもよいですが，このままでも不足は感じません．電源電圧V_{CC}＝3Vで無信号時の消費電流ICCは，約3mAです．TA2003Pの消費電流も5mA（AM時）とわずかなので，電池消耗の少ないラジオが作れます．

● **ローカル放送局向けの音の良いラジオ**

感度，AGC特性を調べたところ，良い性能が得られました．バー・アンテナを搭載しなかったので，外部アンテナをつないで受信します．数mの短いアンテナでも，昼間は筆者が住む関東地方のラジオ局がすべて聞こえます．AGCの効き具合も良好でした．

帯域幅の広いセラミック・フィルタを使ったので，ほかのラジオで聞くよりも，ずっと高音域まで伸びているのがわかります．遠距離の放送局を聴取するにはS/Nの点で多少問題がありますが，ローカル局の聴取には15kHz幅のフィルタで支障ありません．

　良い音のするパーソナルなAMラジオになったと思います．

＜加藤　高広＞

◆引用文献◆

・TA2003P/F.pdf，1998年，（株）東芝
・TA2003P_application.pdf，資料TRAN212，2002年，（株）東芝

表1　TA2003P を使ったAMラジオの部品表

番号	部品名	型番・種別	備考
IC_1	IC	TA2003P	東芝　AMラジオ用IC　互換品多数あり
IC_2		MC34119P	オン・セミコンダクタ　低周波増幅 MC34119F 表面実装型もあり
R_1	抵抗	75Ω　1/4W	カーボン型　誤差±5%
R_2		20kΩ　1/4W	カーボン型　誤差±5%
R_3		75kΩ　1/4W	カーボン型　誤差±5%
R_4		3kΩ　1/4W	カーボン型　誤差±5%
VR_1	可変抵抗	50kΩ A型　φ16mm	
C_1	ポリバリコン	140pF＋80pF	BCバンド用トラッキングレス型
C_2	セラミック・トリマ	10pF	バリコンに付属の場合不要
C_3		10pF	バリコンに付属の場合不要
C_4	コンデンサ	欠番	
C_5		0.1μF　25V	セラミック
C_6		0.1μF　25V	セラミック
C_7		0.1μF　25V	セラミック
C_8		0.1μF　25V	セラミック
C_9		0.1μF　25V	セラミック
C_{10}		10μF　16V	アルミ電解　極性あり
C_{11}		0.1μF　25V	セラミック
C_{12}		4700pF 50V	セラミック (0.0047μF)
C_{13}		6800pF 50V	セラミック (0.0068μF)
C_{14}		47μF　16V	アルミ電解　極性あり
C_{15}		100μF　16V	アルミ電解　極性あり
C_{16}		10μF　16V	アルミ電解　極性あり
C_{17}		0.1μF　25V	セラミック
C_{18}		1μF　10V	アルミ電解　極性あり
C_{19}		0.1μF　25V	セラミック
ANT	バー・アンテナ	600μH	SL-55X　あさひ通信 BA-670（アイコー）でも良い
OSC	OSCコイル	360μH	赤色コア6石スーパー用
L_1	マイクロインダクタ	10μH	高周波チョーク　抵抗器100Ωで代用可
CF_1	セラミック・フィルタ	KBF-455R-15A	京セラ　CFWLA455KEFA（村田）も可
SW_1	スナップ・スイッチ	1回路2接点　3P型	
SP_1	スピーカ	8Ω 10cm	8Ωなら何でも良い
	ツマミ	VC_1用, VR_1用	2個使用　デザインは好みで
	延長シャフト	φ6mm L＝約10mm	ポリバリコン用
	ICソケット	16ピン	DIP型　デュアル・インライン
		8ピン	DIP型　デュアル・インライン
BAT_1	乾電池	UM-3（単3）	2本使用
	ユニバーサル基板	ICB-93S	サンハヤト　サイズが70×90mm くらいのもの

第8章

オーディオ・アンプも内蔵

高感度＆高選択度AMラジオの製作

　東芝のAM/FMラジオ用IC TA7613APを使うと，たった1つのICでAMラジオが作れます．オーディオ・アンプを内蔵したICなので，ほかのラジオ用ICのように，外付けの低周波増幅部は不要だからです．FMのフロントエンド部分は内蔵しないので，AM/FMラジオを構成するにはそれなりの部品を要しますが，AMラジオとして作るなら大きく簡略化できます．内部回路の特徴から，感度も良いため，コンパクトで高性能なラジオになります．

　外付けのコイルがやや多いのは難点ですが，応用の可能性が広がるとも言えるので，使い方次第では面白いICです．

　ラジオのICとしては古臭くなっていますが，継続した入手が期待できるので試作しました．ただし，外付けコイルの数が多いので，ブレッドボードでの製作は容易ではありません．このため，ユニバーサル基板に組み立てます．

豊富なセカンド・ソース

　TA7613APは，1970年の登場からすでに半世紀．オリジナルの東芝は生産を終了していますが，今でも流通在庫が通信販売で入手できます．

　優れた設計のこのICは，多くのセカンド・ソースが生産されています．ざっと挙げただけでもHA12402，TDA1083，ULN2204A，KA22424，U417B，K174XA10といったものが見つかります．台

初出：『トランジスタ技術』2014年8月号

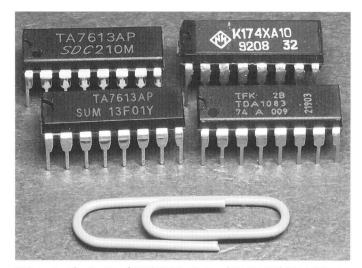

写真1　オーディオ・アンプまで内蔵するワンチップ AM/FM ラジオ IC TA7613AP とそのセカンド・ソース
1970年代に登場した歴史のある IC. 歴史が長いだけあって, たくさんのセカンド・ソースが存在する. K174X10は旧ソ連製, TDA1083は独テレフンケン社製

湾や韓国, アメリカ, ヨーロッパなどのほか, 旧ソ連製のセカンド・ソースが現在でも入手可能です. セカンド・ソースが多いのは, それだけ良い設計だったことを伺わせます. 入手できた4機種(**写真1**)を差し替えて使ってみましたが, どれも正常に動作しました.

オーソドックスなラジオの製作に便利なので, まだしばらく生産が続きそうです.

TA7613AP の内部回路

● FM のフロントエンドは別

TA7613APの内部回路を, **図1**に示します. オーディオ・アンプまで含む AM ラジオの全機能のほか, FM ラジオの中間周波増

幅以降を内蔵しています．従って，数石のFMフロントエンドを付加するだけでAM/FMラジオが作れます．

　設計が古いので必ずしも高性能ではありませんが，実用的な性能が得られます．

● AMラジオは復調回路からオーディオ・アンプまで全部内蔵

　まず，AMラジオから見てみます．アンテナからの信号は，DBM（Double Balanced Mixer 二重平衡変調器）形式のミキサで周波数変換されます．なお，局発回路はピン数が少なくて済む2端子型です．

　中間周波となった受信信号は，IFフィルタを通り，IFアンプで十分増幅されてから検波されます．検波信号からは，音声信号のほかにAGC電圧も取り出されます．AGC電圧により，IFアンプの利得を制御します．

　復調された低周波信号は，外付けのボリュームで加減されたのち，内蔵のオーディオ・アンプで電力増幅されます．電力増幅部は，スピーカを鳴らすのに十分なパワーが得られます．

● FMラジオは10.7MHzの中間周波数以降の回路を内蔵

　FMラジオの場合，VHF帯の受信信号から10.7MHzの中間周波信号を得る「FMフロントエンド部」は内蔵していないので，外付けします．メーカの推奨回路では，2石で構成されています．今ならIC化されたフロントエンドとして，TA7358APなどが入手性が良くて適当でしょう（図2）．

　フロントエンドから来たFMの中間周波信号（10.7MHz）は，AMと共通のIFアンプで増幅されます．このIFアンプ部は，10MHzでも十分な増幅度があることがわかります．FMの復調は，複同調回路を使う形式です．復調されたFMの音声は，AMのときと同じように低周波増幅されてスピーカを鳴らします．

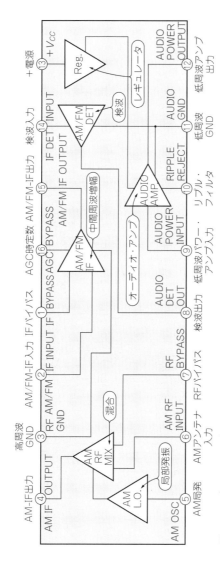

図1　オーディオ・アンプ内蔵のAM/FM両対応ワンチップ・ラジオIC TA7613APの内部回路

低周波パワー・アンプと電源のジャンクト・レギュレータを内蔵するのが目を引くところ。図はパッケージのピンの並び順ではないので注意。FMのフロントエンド部分は内蔵していない。IFアンプはAM/FM兼用というのも珍しい

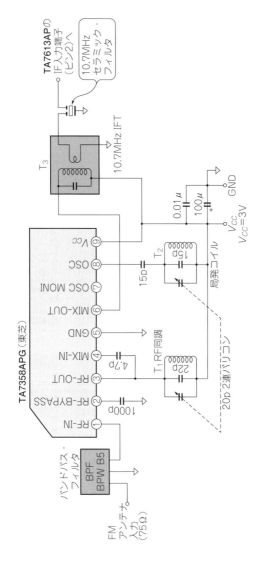

図2 FMラジオを作るならTA7358APなどのワンチップ・フロントエンドICと組み合わせる
TA7613APに適したFMフロントエンドの例。製作にはVHF帯の測定器が必要。

96

● 最大出力0.3W＠8Ωのオーディオ・アンプを内蔵

　AM/FMの共通回路として，低周波電力増幅部があります．SEPP*1形式になっており，電源電圧6Vのとき，8Ωのスピーカに約300mWが得られます．300mWあれば，パーソナルなラジオには十分な音量でしょう．

　BTL形式ではないので，300mWを得るには3Vでは足りず，ほかのラジオ用ICより高い電源電圧が必要です．乾電池で使うなら，4本直列の6Vがよいでしょう．

　ほかにAC電源で使うホーム・ラジオ用として，内部にシャント・レギュレータ*2回路が内蔵されています．それを使ってトランスレス式のラジオが作れます．

製作と性能出しのヒント

● AMラジオの試作回路

　図3は試作した回路，表1（章末に掲載）に使用した部品を示します．フロントエンド部が必要なFM部は省略して，AMラジオとして試作します．

　アンテナ・コイルと局発コイルは，LA1600やTA2003Pと同様のものが使えます．バー・アンテナは，インダクタンスが600μHのものを選びます．局発コイルは，インダクタンスが320μHです．いずれのコイルも±10％くらいインダクタンスを可変できるので，近似のインダクタンスを使って大丈夫です．

　バリコンは，アンテナ側が140pFmax，局発側が80pFmaxの

---

*1　SEPP：Single Ended Push-Pullの略で，アンプ回路の形式を表すもの．一例としてPNPとNPNトランジスタを使い，出力トランスを省いて低価格で高性能を実現する形式．
*2　シャント・レギュレータ：ツェナー・ダイオードと同じような動作をする．大半の電圧は外付けの抵抗器でドロップさせる損な電源方式だが，トランスが不要なので軽量・安価に製作できる．12Vくらいに安定する．

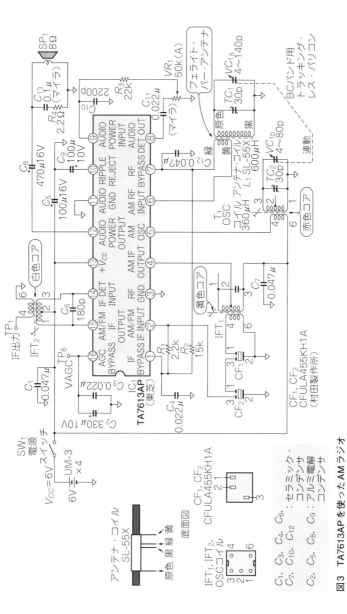

図3 TA7613AP を使った AM ラジオ

アンテナ・コイル, OSC コイルとバリコンはマッチしたものを使う。バリコンは BC(中波バンド・ラジオ用のトラッキングレス型。中間波に入れるフィルタは, SFULA455KU2A などでもよい, 1つだけでもよいが必ず入れる。IF 出力端子は SSB 検波器などを付加するために用意してある。TP2 の電圧をうまく利用すると信号強度計 S メータが付けられる。

CF1, CF2:
CFULA455KH1A
(村田製作所)

C1, C3, C4, C6,
C7, C10, C12: セラミック・
コンデンサ
C2, C5, C8, C9: アルミ電解
コンデンサ

アンテナ・コイル
SL-55X

底面図

黄
緑
原色 黒

IFT1, IFT2,
OSC コイル

98

トラッキングレス型2連ポリバリコンを使ってください.

● セラミック・フィルタ

IFアンプの前にセラミック・フィルタを入れて,帯域幅を狭めています. ラジオを個別トランジスタで作っていたころは,複数の中間周波トランス(IFT)で,必要な帯域幅になるように設計していました. こうしたIC化されたラジオの場合,IFTの数が少なくないので,IFTだけでは選択度が悪く混信しやすくなります.

そのため,セラミック・フィルタを使って,IFTの特性に依存せずに通過帯域幅を決めるのが普通です.

▶2段のセラミック・フィルタで高い選択度を確保

この試作例では,AMに必要な最小限の帯域幅に狭めました. 帯域幅が6kHzのセラミック・フィルタを2個使って,高い選択度を試みています(**写真2**). 中波帯のラジオではここまで狭くする必要は感じませんが,混信の多い短波帯のラジオを作るための布石としてテストしました.

フィルタを重ねることで選択度は良くなりますが,通過帯域の損失も増えるため,ゲインに余裕がないと感度の悪いラジオになってしまいます. 幸い,TA7613APはIFアンプ部がFMと兼用のため,十分なゲインを持っています. このような目的には有利なチップです.

● IF出力の取り出し

FMの復調回路は,外付けのLC回路を必要とします. ここではFMを省略しましたが,その部分をうまく使うと,IFアンプ最終段の信号を取り出せます. そのIF信号を使えば,SSB[3]用の検波

＊3 SSB:Single Side Bandの略で,振幅変調形式のひとつ. 普通のAM波は,搬送波の上下に2つの側波帯(Side Band)を持つ. SSBはそのうち1つだけを用いる電波型式. 送受信機は,複雑になるが,電力効率が良く主に短波帯の無線通信で使われている.

器を外付けすることができます.

図3では，IFT2にIFアンプの出力を取り出すためのリンク巻き線を設けました．IFT2の巻数比によって出力電圧は変わりますが，AGCで制御された200mVP-P前後が得られました.

■ 安定に動作させるために

写真2で示すように，ユニバーサル基板で製作しました．感度特性ほかICの特徴をテストするために，バー・アンテナではなくシールドされたコイルで試作しました．一般的なラジオとして製作するなら，バー・アンテナを使用します.

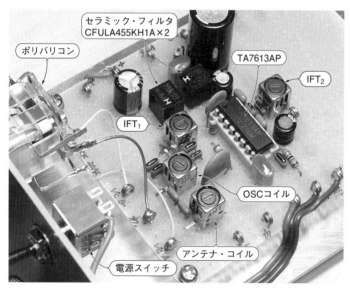

写真2　TA7613APで製作した高感度・高選択度AMラジオ
アンテナ・コイルとOSCコイルはメーカの資料に基づき自作したものを使用したが，既製品の「OSCコイル　赤色コア6石スーパー用」「ANTコイルSL-55X（あさひ通信）もしくはBA-670（アイコー）」が使える．IFT2はできれば中点タップ付きがよい．選択度を良くする実験として6kHz幅のセラミック・フィルタを2個直列で使用．通過帯域幅はそれほど狭くならないが，減衰域への傾斜が倍になるので切れ味が良くなる．短波帯の混んだバンドでも混信しない選択度が得られた．SSBの受信にはやや物足りないが実用性はある

● 高周波部の配線は短く

オール・イン・ワンなので，周辺にはたくさんの部品が並びます．配線が長くなっても支障がない低周波部分の部品や，大きな容量のコンデンサは少し離れた場所に実装しても大丈夫です．

高周波部分の入出力回路や，高周波のバイパス・コンデンサは，必要以上に配線が長くならないように配置します．

小さな16ピンのパッケージの中に，全ゲインが140dBにもなる回路が入っています．使い方次第で，不安定な動作に悩まされます．

● オールイン・ワン・ラジオとして安定な動作

低周波増幅回路は，SEPP形式のOTL*4式のパワー・アンプです．パワー・アンプ部は消費電流が大きいので，GND回路の引き回しが悪いと発振するなどの不安定な状態になる恐れがあります．

3番ピンの高周波部のGND端子と11番ピンの低周波電力増幅部のGNDは，独立したルートで電源(電池)まで引いて行くなどの配慮が必要です．そのような意味から，TA7316APを安定に動作させるのは難しいかと思いましたが，作ってみるととても安定しています．

● 電源電圧は6V

SEPP形式のパワー・アンプを内蔵している関係で，電源電圧 V_{CC} はやや高めに掛ける必要があります．ほかのラジオ用チップが $V_{CC}=3$ V でも十分なのに対し，6 V 程度必要です．$V_{CC}=3$ V でも何とか動作しますが，電池が少し消耗するだけで使えなくなります．

＊4 OTL：Output Transformer Less の略．出力トランスを省く低周波アンプ回路の形式で，一般にSEPP形式を使って実現することが多い．半導体アンプではごく一般的な形式．

● 遠方の放送局もキャッチ！

　GNDと電源の配線を考慮したためか，安定に動作してくれました．セラミック・フィルタを2個重ねたのでゲイン不足を心配しましたが，これも問題ありません．夜間，大きなアンテナにつないで，遠距離[*5]のAM放送を聴いてみました．セラミック・フィルタを重ねた効果で，選択度は良くなっています．

　第7章のTA2003Pよりも外付け部品は多いのですが，IF出力があるので応用範囲が広く，前述のようにSSB復調を追加できます．

　また，低周波パワー・アンプも内蔵しているので，コンパクトで多機能なラジオが作れます．AM受信での消費電流は，無音状態で13mA（電源電圧$V_{CC}=6$V時）でした．　　　＜加藤　高広＞

◆引用文献◆
・TA7613AP.pdf，TA7613AP AM/FM RADIO IC WITH POWER AMPLIFIER，
　1983年，（株）東芝

---

*5　筆者が住む関東からは，北海道や九州を指す．

表1 TA7613AP を使った AM ラジオの部品表

番号	種類	型番・種別	備考
IC_1	IC	TA7613AP　東芝	東芝　AM ラジオ用 IC　互換品多数あり
R_1	抵抗	2.2 kΩ　1/4 W	カーボン型　誤差 ±5 %
R_2		15 kΩ　1/4 W	カーボン型　誤差 ±5 %
R_3		22 kΩ　1/4 W	カーボン型　誤差 ±5 %
R_4		2.2 Ω　1/4 W	カーボン型　誤差 ±5 %
VR_1	可変抵抗	50 kΩ　A 型 φ16 mm	
C_1	コンデンサ	0.047 μF　25 V	セラミック
C_2		330 μF　16 V	アルミ電解　極性あり
C_3		0.022 μF　25 V	セラミック
C_4		0.022 μF　25 V	セラミック
C_5		100 μF　16 V	アルミ電解　極性あり
C_6		(180 pF　25 V)	セラミック IFT2 に内蔵されるので不要
C_7		0.047 μF　25 V	セラミック
C_8		470 μF　16 V	アルミ電解　極性あり
C_9		100 μF　10 V	アルミ電解　極性あり
C_{10}		2200 pF　16 V	セラミック (0.0022 μF)
C_{11}		0.022 μF　50 V	マイラ・フィルム
C_{12}		0.047 μF　25 V	セラミック
C_{13}		0.1 μF 50 V	マイラ・フィルム
VC_1	ポリバリコン	140 pF + 80 pF	BC バンド用トラッキングレス型
TC_1	セラミック・トリマ	30 pF	バリコンに付属の場合不要
TC_2	セラミック・トリマ	30 pF	バリコンに付属の場合不要
ANT	バー・アンテナ	600 μH	SL-55X　あさひ通信　BA-670 (アイコー)でも良い
OSC	OSC コイル	360 μH	赤色コア　6石スーパー用
IFT_1	中間周波トランス	455 kHz	6石スーパー初段用　黄色コア
IFT_2	中間周波トランス	455 kHz	6石スーパー段間用　白色コア
CF_1	セラミック・フィルタ	CFLA455KH1A	村田製作所 SFULA455KU2A(村田)も可
CF_2	セラミック・フィルタ	CFLA455KH1A	村田製作所 SFULA455KU2A(村田)も可
SW_1	スナップ・スイッチ	1回路2接点3P型	
SP_1	スピーカ	8Ω 10 cm	8Ωなら何でも良い
	ツマミ	デザインは好みで	VC_1 用、VR_1 用　2個使用
	延長シャフト	φ6 mm L=約10 mm	ポリバリコン用
	IC ソケット	16 ピン　DIP 型	デュアル・インライン
BAT_1	乾電池	UM-3(単3)	4個使用(6V)
	ユニバーサル基板	ICB-93S	サンハヤト　70×90 mm くらいのもの

配線用の細い電線及びケースに収納するには別途部品が必要.

無調製で高性能な AM/FM/SW DSP ラジオの製作

シリコン・ラボラトリーズ社のDSP[*1]ラジオSi4825-A10(**写真1**)は，従来のラジオ用ICの概念をはるかに超えています．これまでのラジオには常識だった，バリコンやIFTが必要ないだけでなく，面倒なトラッキング調整もいりません．まったくの無調整で中波帯，短波，FM放送帯まで広くカバーするラジオが作れるのです．

従来型のラジオでは，製作の仕方や調整で大きく性能差が現れました．しかし，ここで扱うDSPラジオは，部品のレイアウトがとても簡単なうえ，基本的に無調整なので，誰が作っても同じような高性能が得られます．

その代わり，入念なチューニングで追い込んで高性能化して，

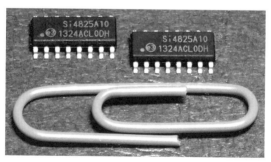

写真1　DSPによる信号処理で復調するラジオIC Si4825-A10

---

*1　DSP：Digital Signal Processingの略．アナログ信号をA-D変換でディジタル数値化してから数値演算処理により，信号処理する．アナログ部品を使わずにフィルタや復調などの回路機能を数式的に実現できる．処理後にD-A変換してアナログ信号に戻すことが多い．

初出：『トランジスタ技術』2014年8月号

ほかに差を付けるというようなマニアックな味付けはほとんどできません．実用品を作るには最高のICですが，ラジオ作りの楽しさ・面白みには，いくぶん欠けるのかもしれません．

しかし，良くできたICなので，期待を裏切らないと思います．

DSPラジオIC Si4825を使う

● 世界中のAM/FM/短波（SW）に対応

Si4825-A10は，米シリコン・ラボラトリーズ社のC-MOS構造でできたDSPラジオ用ICです．同社からは各種のDSPラジオが登場していますが，もっともベーシックなスペックのICです．

従来のAM放送だけでなく，FM放送，短波放送（SW）をすべてカバーするラジオ用ICで，受信バンドの基本は41バンドもあります．さらに，短波のワイド・バンドとナロー・バンドの切り替えを含めると，合計59バンドとなります．

ディジタルなDSPラジオでありながら，可変抵抗器（VR）を使いアナログ感覚で選局操作ができます．ただし，受信周波数はディジタル的に飛び飛びです．中波のAM放送は全世界対応で，9kHzステップだけでなく米大陸の10kHzステップの選局もできます．また，短波SW帯は2.3M～28.5MHzを多数のバンドでカバーし，選局が容易にできるよう考えられています．FMも世界各国対応でワイド・バンド仕様になっています．

● 多機能ながら低価格

これだけの機能を持ちながらわずか16ピンの小さなチップです．外付け部品が少ないうえ，なんといっても無調整で済むことが最大の特徴でしょう．

多くの特許でガードされているので，セカンド・ソースは登場しないものと思われます．しかし，価格はすでに十分こなれてい

て，単品が200円で購入できました．

● A-D変換回路とIQ復調用DSP，D-A変換回路を内蔵

　内部構造を図1に示します．ハードウェア的なAM/FM/SWの区別はあまりなく，ロー・ノイズ・アンプ(LNA)で高周波増幅した後，ミキサ回路で低い中間周波へ周波数変換する，スーパーヘテロダインの一種です．

　周波数変換された受信信号は直ちにA-D変換し，以後はDSPを使ったディジタル処理を行います．AM/FMの復調もディジタル処理で行われ，最終的にはD-A変換器によって可聴周波数のアナログ信号に変換されて出力されます．

　低い周波数への変換するときに発生しがちなイメージ混信が心配されますが，これはIQ*2信号によるイメージ・リジェクション方式で解決しています．IFフィルタはDSPを使ったディジタル・フィルタで，もちろん無調整式です．局発回路は，ディジタル制御のシリコン発振器になっているようです．水晶発振子はオプションですが，付けると周波数安定度が向上します．

● アナログ的な選局方法

　図2は，メーカの推奨回路です．選局は，アナログ的に行えます．TUNE$_1$端子から出力される電圧を可変抵抗器VR_1で分圧して，TUNE$_2$端子へ戻します．可変抵抗器VRが，選局ダイヤルにあたります．

　TUNE$_2$の電圧は，内部のA-D変換機でディジタル値に変換されます．そのディジタルに変換されたダイヤルの位置に従って選局されます．同調の操作はアナログ的ですが，内部の同調はディ

---

*2　IQ：同相(In-Phase)信号と90度位相(Quadrature-Phase)信号の意味．位相打ち消し形式で，イメージ・リジェクション・ミキサ回路に使うことが多い．DSPを使った受信機では，一般的に使われている．

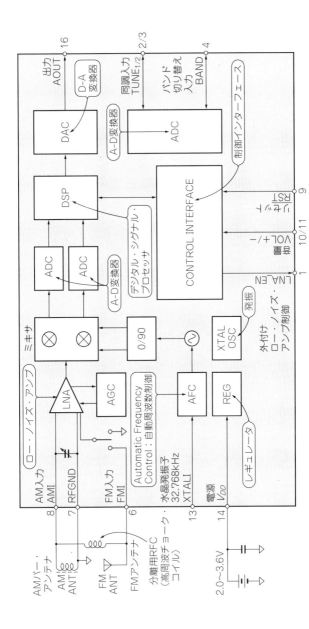

図1 ワンチップDSPラジオ Si4825-A10の内部回路
バリコンやIFTがなく従来のラジオ用ICとは全く異なる構成

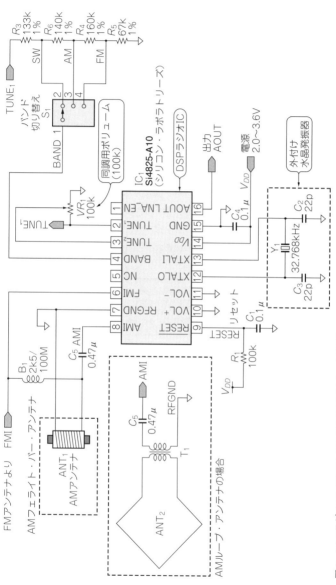

図2 DSPラジオIC Si4825-A10の応用回路（メーカ推奨）

108

ジタル的に行われます.

バンド切り替えは，$TUNE_1$端子の電圧を抵抗器で分圧し，その分圧値で受信バンドを選択します．バンド設定の抵抗器は誤差±1％の金属皮膜抵抗器を選びます．一般的な誤差±5％のカーボン抵抗では，目的のバンドに合わない恐れがあります．バンド選択のための抵抗値は，後述します.

バンド切り替えもアナログ的ですが，直ちにA-D変換しているので内部はディジタルによる切り替え方式です.

同調ダイヤルや切り替えスイッチを使うことで，従来型のアナログ式ラジオに近い操作フィーリングを実現しているのです．同時に，少ないピン数で機能を切り替えているので，コンパクトな16ピン・パッケージに納まっています.

製作のポイント

ディジタルなDSPラジオなので，従来形式のラジオ・チップとはだいぶイメージは違います．しかし，内部の複雑さを意識せず使えるように工夫されているので，製作は難しくありません．むしろ易しいくらいです.

ただし，内部の等価ブロック図を見てもすぐに使い方はイメージできませんから，データシートはよく読む必要がありました．メーカは日本語の資料を用意していないようですが，英文を読まなくても以下の説明で何とかなるはずです.

■ 外付け部品の説明

図3は，筆者が試作したラジオの回路図です．表1は部品表（章末に掲載），写真2は試作したラジオです．VHF帯のFM放送を扱うので，ブレッドボードによる試作は不安でしたが，何のトラブルなく安定して動作しました.

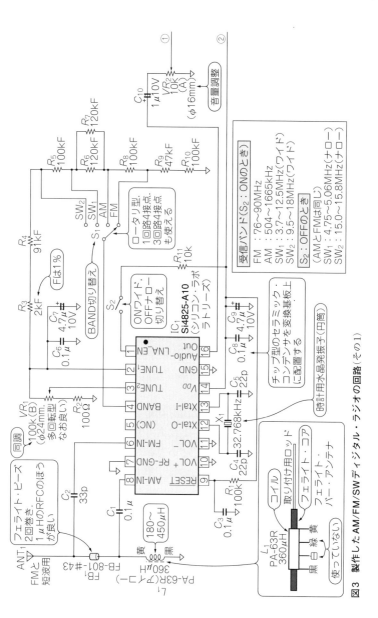

図3 製作した AM/FM/SW ディジタル・ラジオの回路（その1）

110

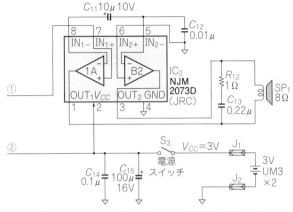

R_3, R_2, R_{11}, R_{12} ：カーボン抵抗1/4W
$R_3 \sim R_{10}$ ：金属皮膜抵抗1/4W，1%
$C_1 \sim C_6, C_8, C_{14}$ ：セラミック・コンデンサ．C_8は1608型
　　　　　　　　　変換基板に載せる．
$C_7, C_9 \sim C_{11}, C_{15}$ ：アルミ電解コンデンサ
C_{12}, C_{13} ：マイラ・コンデンサ

図3　製作したAM/FM/SWディジタル・ラジオの回路（その2）

● バー・アンテナ

バー・アンテナは多くの種類を見かけますが，最大インダクタンスは450μHまでのアンテナを選んでください．ストレート・ラジオ用に売られている300μHのものが適当でしょう．スーパー・ヘテロダイン方式用のバー・アンテナには，最大インダクタンスが600μHのものがあるので注意します．

バー・アンテナの代わりに，AM用ループ・アンテナも使えます．

● 同調用のダイヤル

写真手前は，同調に使ったヘリポットという多回転式の可変抵抗器です．中波のAM放送受信なら回転角が270度の一般的な100kΩの可変抵抗器でも十分操作できるでしょう．受信周波数範囲が広い短波帯では，多回転型を使うと操作が楽になります．

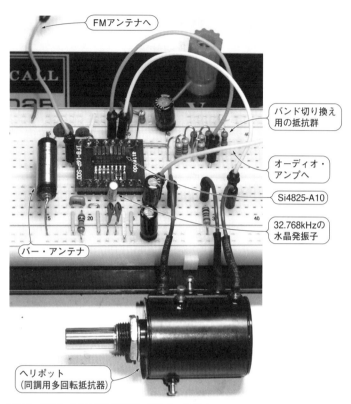

写真2 製作したAM/FM/SWディジタル・ラジオ

● 動作クロック用の水晶発振子

　32.768 kHzの水晶発振子は，時計用の水晶発振子として一般に市販されているので，入手は難しくありません．バンド切り替え部分に使用する抵抗器は，1％精度のものが必要です．

● 音量調整用スイッチ

　Si4825-A10の10番ピンと11番ピンには電子ボリュームの機能がありますが，アナログなボリュームつまみのほうが扱いやすい

112

ので使いませんでした.

● 電源とオーディオ・アンプ

電源を入れ直したとき, 前に聴いていた局に選局を戻す機能が
あります. Si4825-A10の電源電圧範囲は下限が2.0 V, 上限は
3.6 Vです.

電源電圧を合わせるために, オーディオ・アンプには低い電圧
でパワーの出るNJM2073Dを使いました. 乾電池2本を電源にす
るとよいでしょう. 過電圧を加えないよう注意してください.

無音のとき, ラジオ全体で30 mA くらいの電流が流れるはずで
す. 最大消費電流は, 音の大きさによって大きく変化します.

■ 性能出しのヒント

● ピッチ変換基板にICを実装しパスコンも配置する

ブレッドボードで試作する場合は, ピッチ変換基板を使います
(写真3). Si4825-A10のパッケージは1.27 mmピッチの16ピンで
す. 表面実装型のICとしてはピン間隔は広いので, 先の細いはん
だゴテや細いヤニ入りはんだを用意すれば, 変換基板へのはんだ
付けは難しくないでしょう. ピン間のはんだブリッジに備えて,
はんだ吸着リボンも用意しておきます.

ただし, GND回路までの配線が長くなるため, 変換基板のV_{DD}
端子(14番ピン)とGND端子(15番ピン)の間に, バイパス・コン
デンサとしてチップ型のセラミック・コンデンサ(C_8 0.1 μF)を配
置します.

● 水晶発振子は必ず実装する

外付けの水晶発振子X_1(32.768 kHz)は,必ず実装してください.特
にFM放送受信時の周波数安定度が大きく向上します.ダイヤルの
合わせ直しをせずに, 長時間安定して受信できるようになります.

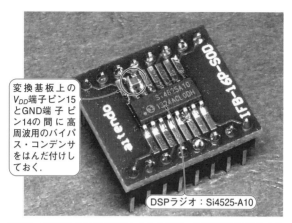

変換基板上のV_{DD}端子ピン15とGND端子ピン14の間に高周波用のバイパス・コンデンサをはんだ付けしておく.

DSPラジオ：Si4525-A10

写真3　Si4825-A10はパスコンとともにピッチ変換基板に実装する

■ 日本国内用に受信バンドを設定する

バンド設定は少し複雑なので, 詳しく説明します.

● 各国・各地域の状況に合わせたバンドを選択する

表2に, Si4825-A10で受信できるバンドの一覧を示します. 全41バンド(59バンド)ありますが, 通常の使用なら, これらすべてを選択できるようにする必要はありません. 世界中の放送事情に合わせるために, 多バンドになっているのです.

日本国内での受信に限れば, 数バンドで十分です. 中波のAM放送, VHF帯のFM放送のほかに, 短波帯を2バンド選択しました(表2の番号欄に◎印のあるバンド).

● FMの周波数帯は76M〜90MHzを選択

VHF帯のFM放送から選びます. 日本のFM放送は76〜90MHzで行われており, プリエンファシス*3は50μsです. 従って, バンド11(FM11)を選択します. 表2の「抵抗値」の欄

を見ると147kΩです．この抵抗の意味は図4を見てください．
TUNE₁端子とGND端子間に500kΩを入れたとき，GND側から
147kΩの所の電圧をBAND端子に加えるとバンド11（FM11）が
選択されます．以下，ほかのバンドも同様の方法です．

● AMの周波数帯は531k～1602kHz，9kHzステップを選択

次に中波帯のAM放送です．日本のAM放送は，531k～
1602kHzの範囲で9kHz刻みに周波数割り当てされています．従
って，9kHzステップから選択する必要があります．余裕を持た
せる意味から，バンド21（AM3）を選びました．受信範囲は504k
～1665kHzです．バンド21（AM3）の抵抗値は247kΩです．

● SW（Short Wave，短波）の周波数帯は2バンドを選択

短波帯は，バンド27（SW4）の3.7M～12.5MHz（抵抗値は307k
Ω）と，バンド37（SW14）の9.5M～18MHz（抵抗値は407kΩ）の2
バンドを選びました．

これで受信バンドの選定ができたので，バンド切り替え回路の
抵抗値を図4のようにします．短波帯はニーズに応じて表2の中
から選べばよいでしょう．

短波帯は，ナロー・バンドも選べます．ナロー・バンドを選ぶ
と，国際放送バンドの受信操作が容易になります．図3テスト回
路のSW2スイッチをONにするとワイド・バンド，OFFでナロー
に切り替わります．受信範囲は限られますが，ナロー・スイッチ
で，バンド・スプレッド*4のように使うこともできます．

＊3　FM波の特性から，伝送時に高音域でのS/Nが低下する性質がある．そのため，
送信（放送局）側であらかじめ高音域を強調しておく．これをプリエンファシスとい
う．受信（ラジオ）側では，ディエンファシスにより高音を下げることで，総合して
平坦な周波数特性を得る．
＊4　主に，短波受信機で同調を容易にするために用いられる，補助ダイヤルのこと．
受信ダイヤル目盛りの一部を拡大することで，チューニングしやすくしてくれる．

表2-1 Si4825-A10の受信バンド設定一覧

番号	バンド名	周波数レンジ [Hz]	ディエンファシス（FM） [μs]	選局間隔（AM） [kHz]	抵抗値 [kΩ]
1	FM$_1$	87M〜108M	50	–	47
2	FM$_2$	87M〜108M	50	–	57
3	FM$_3$	87M〜108M	75	–	67
4	FM$_4$	87M〜108M	75	–	77
5	FM$_5$	86.5M〜109M	50	–	87
6	FM$_6$	86.5M〜109M	50	–	97
7	FM$_7$	87.3M〜108.25M	50	–	107
8	FM$_8$	87.3M〜108.25M	50	–	117
9	FM$_9$	87.3M〜108.25M	75	–	127
10	FM$_{10}$	87.3M〜108.25M	75	–	137
◎11	FM$_{11}$	76M〜90M	50	–	147
12	FM$_{12}$	76M〜90M	50	–	157
13	FM$_{13}$	64M〜87M	50	–	167
14	FM$_{14}$	64M〜87M	50	–	177
15	FM$_{15}$	76M〜108M	50	–	187
16	FM$_{16}$	76M〜108M	50	–	197
17	FM$_{17}$	64M〜108M	50	–	207
18	FM$_{18}$	64M〜108M	50	–	217
19	AM$_1$	520k〜1710k	–	10	227
20	AM$_2$	522k〜1620k	–	9	237
◎21	AM$_3$	504k〜1665k	–	9	247
22	AM$_4$	522k〜1728k/520k〜1730k	–	9/10	257
23	AM$_5$	510k〜1750k	–	10	267

116

表2-2 Si4825-A10の受信バンド設定一覧

番号	バンド名	周波数レンジ [Hz] 短波ワイド・バンド	周波数レンジ [Hz] 短波ナロー・バンド	ディエンファシス (FM) [μs]	選局間隔 (AM) [kHz]	抵抗値 [kΩ]
24	SW$_1$	2.3 M～10 M	2.30 M～2.49 M	–	–	277
25	SW$_2$	3.2 M～7.6 M	3.20 M～3.40 M	–	–	287
26	SW$_3$	3.2 M～10 M	3.90 M～4.00 M	–	–	298
◎27	SW$_4$	3.7 M～12.5 M	4.75 M～5.06 M	–	–	307
28	SW$_5$	3.9 M～7.5 M	5.6 M～6.4 M	–	–	317
29	SW$_6$	5.6 M～22 M	5.96 M～6.20 M	–	–	327
30	SW$_7$	5.8 M～12.1 M	6.8 M～7.6 M	–	–	337
31	SW$_8$	5.9 M～9.5 M	7.1 M～7.6 M	–	–	347
32	SW$_9$	5.9 M～18.0 M	9.2 M～10 M	–	–	357
33	SW$_{10}$	7.0 M～16.0 M	11.45 M～12.25 M	–	–	367
34	SW$_{11}$	7.0 M～23.0 M	11.6 M～12.2 M	–	–	377
35	SW$_{12}$	9.0 M～16.0 M	13.4 M～14.2 M	–	–	387
36	SW$_{13}$	9.0 M～22.0 M	13.57 M～13.87 M	–	–	397
◎37	SW$_{14}$	9.5 M～18.0 M	15.0 M～15.9 M	–	–	407
38	SW$_{15}$	10.0 M～16.0 M	17.1 M～18.0 M	–	–	417
39	SW$_{16}$	10.0 M～22.0 M	17.48 M～17.90 M	–	–	427
40	SW$_{17}$	13.0 M～18.0 M	21.2 M～22.0 M	–	–	437
41	SW$_{18}$	18.0 M～28.5 M	21.45 M～21.86 M	–	–	447

●備考
(1) Si4825-A10のアプリケーション・ノート：AN738（シリコン・ラボラトリーズ社）を参照。
(2) FMバンドで周波数とディエンファシスの同じにものが複数あるのは、ほかのチップと共通設定のため。
(3) SWバンドの選局間隔はバンドごとに変化するようだ（明確な記述はない）。
(4) ◎印のバンドで試作。

118

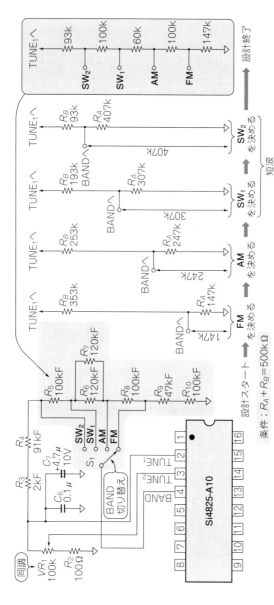

図4 Si4825-A10の受信バンドを日本国内向けに設定する
表2から受信バンドの抵抗値を選び、合計の抵抗値が500kΩとなるように設定する

● 中波とFMは良好に受信できる

中波AMラジオは小さなバー・アンテナで，FMは1mくらいのビニル線をアンテナにしてテストしました．

特にFMは優秀です．一般的なトランジスタ・ラジオと同程度か，やや良いくらいの感度があり，高音質で音楽番組が楽しめるほどです．

中波AMも良好に受信できます．ただ，バー・アンテナを大きくするほうが良さそうです．

● 短波は外部アンテナがないと苦しい

短波帯はバー・アンテナだけでは感度不足なので，補助的なアンテナが必要でした．図3のテスト回路では，短波帯の受信にFM用アンテナを流用する設計になっています．兼用せずにバー・アンテナのところに補助アンテナを付ける方式も良好でした．

Si4825-A10を使えば，簡単で実用的なAM/FM/SWラジオが製作できます．DSPラジオを経験するにはうってつけです．

<加藤　高広>

◆引用文献◆

・Si4825-A10_Rev1.pdf，Si4825-A10 BROADCAST MECHANICAL TUNING AM/FM/SW RADIO RECEIVER，2013年，Silicon Laboratories.
・Si4825DEMO.pdf，Si4825-DEMO Si4825 DEMO BOARD USER'S GUIDE Rev.0.1，2013年，Silicon Laboratories.
・AN738.pdf，AN738 ANTENNA，SCHEMATIC，LAYOUT AND DESIGN GUIDELINES Rev.0.12013年，Silicon Laboratories.

表1　Si4825-A10を使ったAM/FM/SWラジオの部品表

番号	種類	型番・種別	備考
IC_1	IC	Si4825-A10	シリコン・ラボDSPラジオ用IC
IC_2		NJM2073D	JRC低周波増幅
R_1		100 kΩ 1/4 W	カーボン型　誤差±5%
R_2		100 Ω 1/4 W	カーボン型　誤差±5%
R_3		2 kΩ 1/4 W	金属被膜型　誤差±1%
R_4		91 kΩ 1/4 W	金属被膜型　誤差±1%
R_5		100 kΩ 1/4 W	金属被膜型　誤差±1%
R_6	抵抗	120 kΩ 1/4 W	金属被膜型　誤差±1%
R_7		120 kΩ 1/4 W	金属被膜型　誤差±1%
R_8		100 kΩ 1/4 W	金属被膜型　誤差±1%
R_9		47 kΩ 1/4 W	金属被膜型　誤差±1%
R_{10}		100 kΩ 1/4 W	金属被膜型　誤差±1%
R_{11}		10 kΩ 1/4 W	カーボン型　誤差±5%
R_{12}		1 Ω 1/4 W	カーボン型　誤差±5%
VR_1	可変抵抗	100 kΩ B型　φ24 mm	同調用(10回転型ならなお良い)
VR_2		10 kΩ A型　φ16 mm	音量調整用
C_1		0.1 μF 25 V	セラミック
C_2		33 pF 50 V	セラミック
C_3		0.1 μF 25 V	セラミック
C_4		22 pF 25 V	セラミック　CH特性(NP0)
C_5		22 pF 50 V	セラミック　CH特性(NP0)
C_6		0.1 μF 50 V	セラミック
C_7		4.7 μF 10 V	アルミ電解　極性あり
C_8	コンデンサ	0.1 μF 25 V	セラミック　1608型　チップ型
C_9		4.7 μF 10 V	アルミ電解　極性あり
C_{10}		1 μF 16 V	アルミ電解　極性あり
C_{11}		10 μF 10 V	アルミ電解　極性あり
C_{12}		0.01 μF 50 V	マイラ/フィルム
C_{13}		0.22 μF 50 V	マイラ/フィルム
C_{14}		0.1 μF 25 V	セラミック
C_{15}		100 μF 16 V	アルミ電解　極性あり
L_1	バー・アンテナ	360 μH	PA-63R　アイコー 180 μ〜450 μHなら何でも可
FB_1	フェライト・ビーズ	FB-801-#43	2回巻き 1 μHのRFCでも良い
X_1	水晶発振子	32.768 kHz	円筒型　時計用水晶発振子
S_1	ロータリ・スイッチ	1回路4接点	バンド・スイッチ,3回路4接点可
S_2	スナップ・スイッチ	1回路2接点	スライド・スイッチでも良い
S_3	スナップ・スイッチ	1回路2接点	スライド・スイッチでも良い
SP_1	スピーカ	8 Ω 10 cm	8 Ωなら何でも良い
	ツマミ	デザインは好みで	VR_1, VR_2, S_1用　3個使用
	ICソケット	SIP型　8ピン	シングル・インライン　2列分必要(IC_1用)
		DIP型　8ピン	デュアル・インライン(IC_2用)
	ピッチ変換基板	16ピンSOIC用	SOIC→DIP変換用　IC_1のピッチ変換に使用
BAT_1	乾電池	UM-3(単3)	2個使用
ANT_1	アンテナ線	1 m程度のもの	引出し式ロッド・アンテナでも良い
	ユニバーサル基板	ICB-93S	サンハヤト70×90 mm程度の大きさ

配線用の細い電線，ケースに収納するための部品は別途必要．ブレッドボードでも作れる．

山の中でもバッチリ受信

フルディスクリート高感度
6石スーパーヘテロダインAMラジオの製作

■ 実用品になるラジオを作る

ブレッドボードを使って，トランジスタを6個使った6石スーパーヘテロダインAMラジオ（以下，6石スーパー・ラジオ）を試作します．1～2石のシンプルなラジオを作るのは簡単ですが，何かが少し聞こえるだけです．製作の興味を満たせば目的は達成されたと言えますが，性能は不十分で実用にはなりません．

6つのトランジスタを使ったラジオは，実用品になる性能があります．完全な調整がなされた6石スーパーの増幅度は120dB（百万倍）を超えるので，ラジオ局から遠い山間地でも良く聞こえます．特別な外部アンテナを使わなくても，どこでも聞くことができます．

ただ部品を組み立てただけの6石ラジオは，複雑なだけに非常に感度が悪いはずです．調整でグングン感度が上がるのが体感でき，調整の大切さや良く聞こえるようにしていく楽しさも味わえるでしょう．

本章では，入手しやすいシリコン・トランジスタを使用しています．しかし，部品箱の奥にある古いゲルマニウム・トランジスタを使って作りたい人もいらっしゃると思います．ゲルマニウム・トランジスタを使用した製作例は，Appendix 2にまとめます．

初出：『トランジスタ技術』2015年10月号

■ ディスクリート部品だけで6石スーパー・ラジオを作る

製作するラジオの回路図を**図1**に，部品表を**表1**(章末に掲載)に，ブレッドボードに試作したラジオを**写真1**に示します．製作するラジオのスペックを次に示します．

受信周波数範囲：日本の中波放送バンド(520k〜1620kHz)
受信感度：超微弱電界級(山間地でも良く聞こえる感度)
電源電圧：標準9V(電池が消耗時，5V以下まで動作する)
消費電流：無信号時10mA以下
最大音声出力：100mW以上(ひずみ率10%以下)

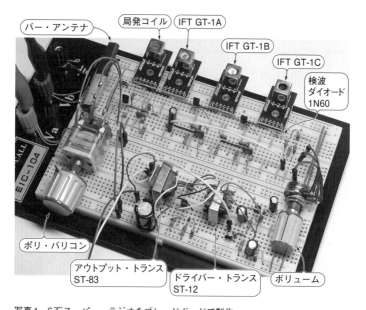

写真1　6石スーパー・ラジオをブレッドボードで製作
このようなレイアウトで部品を配置できる．トランジスタは全て2SC1815Y．IFTと局発コイルは変換基板に取り付ける

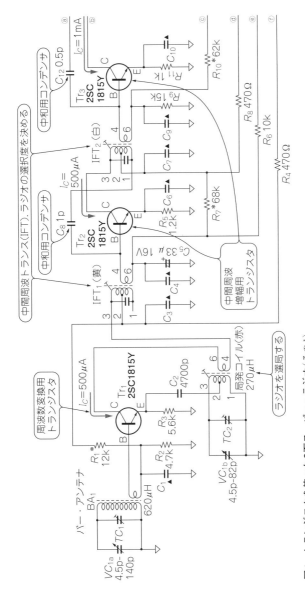

図1 トランジスタを使った6石スーパー・ラジオ（その1）
トランジスタは、すべて 2SC1815Y または 2SC458Y を使う

123

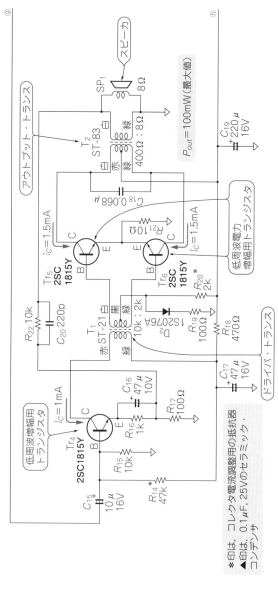

図1 トランジスタを使った6石スーパー・ラジオ（その2）

* 印は、コレクタ電流調整用の抵抗器．
▲ 印は、0.1μF、25Vのセラミック・コンデンサ．

$P_{out} = 100\text{mW}$（最大値）

スピーカ

アウトプット・トランス

低周波用電力増幅用トランジスタ

ドライバ・トランス

低周波増幅用トランジスタ

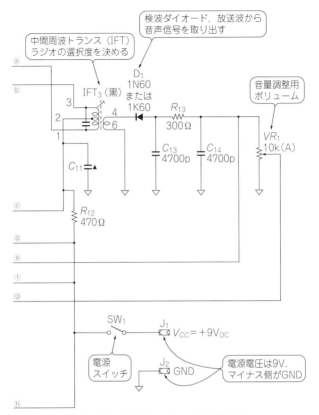

図1 トランジスタを使った6石スーパー・ラジオ(その3)

6石スーパーを構成する回路は，複雑で高性能な受信機や通信型受信機を製作するときの基礎になります．本格的な受信機の性能は感度(Sensitivity)，選択度(Selectivity)，安定度(Stability)の3Sの数値で示されます．

感度をアップするには，高周波増幅回路を追加します．これは，6石スーパーの中間周波増幅回路に類似しています．ゲインを増やすには中間周波増幅を2段からさらに増やすのも効果的です．

選択度の向上には，中間周波増幅部分へ水晶フィルタやセラミック・フィルタのような，高性能フィルタを追加するのが効果的です．基本となる中間周波増幅回路の技術は変わりません．

周波数変換を2回行うダブル・スーパーヘテロダイン方式だと，さらに選択度を向上させつつ周波数安定度も向上できます．

主要回路の説明

受信機に欠かせない要素回路は次の5つです（**図2**）．

- 周波数変換回路
- 中間周波増幅回路
- 検波回路
- 低周波増幅回路
- 低周波電力増幅回路

これらを順に説明していきます．

● 周波数変換回路

図3に示すのは，周波数変換回路です．ラジオ放送の電波は，ループ・アンテナの一種であるフェライト・バー・アンテナ（BA_1）によって捉えられます．透磁率の大きなフェライト・コアには磁力線（電波）を集める性質があり，アンテナとして良好に機能します．同時に，バー・アンテナは入力同調回路としても機能して，選局の役割も持っています．

トランジスタ Tr_1 は，2つの働きをします．1つ目の働きは，局発コイル（OSC Coil）によって，高周波発振を行います．これを局部発振（以下，局発）と呼びます．2つ目の働きは，バー・アンテナで捉えたラジオ電波と局発とを混合して，周波数変換を行うことです．

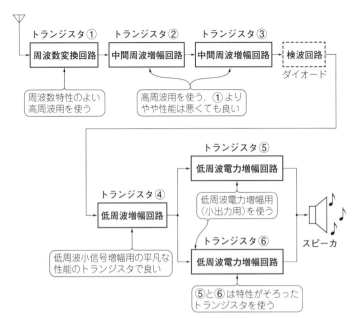

図2 標準的な6石スーパー・ラジオの回路ブロック
6個のトランジスタを合理的に配置して最適化された設計になっている

　局発は，常に受信周波数よりも中間周波数のぶんだけ高い周波数を発振する仕組みです．中間周波数は，一般に455kHzが選ばれます．ラジオの受信周波数範囲を520k～1620kHzとすると，局発の発振周波数範囲は975k～2075kHzです．例えば，594kHzのラジオ放送を受信しているとき，局発は1049kHzを発振しています．一般的なラジオ受信機では差のヘテロダインが使われるので，594kHzのラジオ放送は455kHz（＝1049kHz－594kHz）に周波数変換されます．このように，周波数変換部の働きは捉えた電波を一定の中間周波数（455kHz）へ変換するのが大きな役目です．

　周波数変換するとともに増幅作用もあるので，トランジスタTr_1は，局発＋周波数変換＋増幅の3つの働きを持っています．従

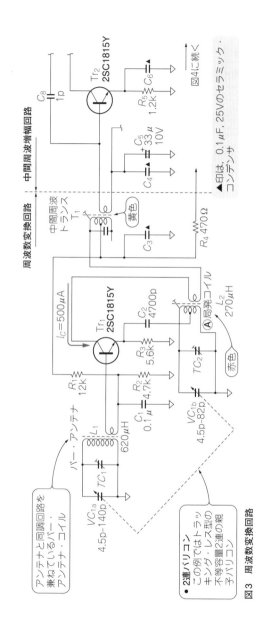

図3 周波数変換回路

周波数変換回路 | 中間周波増幅回路

中間周波トランス T₁

2SC1815Y Tr₂

C₈ 1p

C₄▲ | C₅ 33μ 10V

R₅ 1.2k | C₆▲

図4に続く

▲印は，0.1μF，25Vのセラミック・コンデンサ

黄色

R₄ 470Ω

C₃

発振コイル Ⓐ

L₂ 270μH

赤色

Ic＝500μA

2SC1815Y Tr₁

C₂ 4700p

R₃ 5.6k

TC₂

R₁ 12k

R₂ 4.7k

C₁ 0.1μ

VC₁ₐ 4.5p-82p

バー・アンテナ

アンテナと同調回路を兼ねているバー・アンテナ・コイル

L₁ 620μH

TC₁

VC₁ₐ 4.5p-140p

● 2連バリコン
この例ではトラッキング・レス型の不等容量2連の親子バリコン

って，6石スーパーの回路の中では，最も高周波特性の優れたトランジスタを使います(周波数変換回路の増幅ゲインを変換ゲインと言い，6石スーパーでは20～30dBが得られる).

● 中間周波増幅回路

図4に示すのは，中間周波増幅回路です．455kHzに周波数変換されたラジオ放送の電波は，2段の中間周波アンプで十分に増幅されます．トランジスタTr_2とTr_3が，中間周波増幅です．中間周波増幅部分で約50dB，電力で言えば約10万倍(電圧では300倍くらい)増幅するように設計されています.

中間周波増幅部は，増幅と同時に他のラジオ放送局との混信を防ぐための選択作用も重要な役割を持ちます．455kHzを中心に，AMラジオの受信に必要な約15kHzの帯域幅を持った増幅回路になっています.

さらに，受信電波の強弱によって増幅度を自動的に加減して受信中の音量変化を軽減する，自動ゲイン調整(AGC：Automatic Gain Control)機能も大切な役目です.

安定した50dBの増幅をトランジスタ1石で行うのは困難なので，2石で構成しています．十分な選択度を得るためには，複数の中間周波トランス(IFT：Intermediate Frequency Transformer)が必要なので，2段増幅するのが合理的です．この回路では，IFTを3個使っています.

トランジスタには，ベース－コレクタ間の接合容量(Cob)があって，その帰還作用のために自己発振する危険性があります．中和回路によってCobの作用を打ち消すようにして，安定な増幅を行います．中間周波増幅部は，ラジオの感度と選択度を決める重要な部分です.

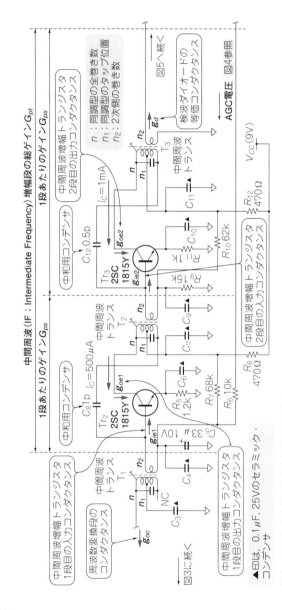

図4 455 kHz の中間周波 (IF) 増幅回路の構成

● 検波回路

図5は，検波回路と低周波増幅部です．検波とは，振幅変調され放送電波に乗って送られてくる音声・音楽信号を取り出す働きです．検波回路からは音声信号のほかに，搬送波の大きさに比例した直流電圧が得られます．直流電圧は自動ゲイン調整に使われます．

6石スーパーでは，復調ひずみの少ないダイオード検波回路が使われます．同時に，自動ゲイン調整（AGC：Automatic Gain Control）に必要な電波の強さに応じた電圧を取り出す大切な役目を持っています．

検波回路も1つの独立した重要回路なのですが，素子数のカウントには含めません．これは，ダイオード検波回路が増幅作用を持たないこともあると思いますが，トランジスタ・ラジオが登場した当時の物品税にも関係しているそうです．物品税は，石の数に応じて課されていたことから「7石スーパー」とはせずに，「6石スーパー」として節税したとのことです．

● 低周波増幅回路

検波回路で，放送波から低周波の音声信号を取り出します．取り出された音声信号はわずか数十mVなので，そのままではスピーカは鳴らせません．まず，低周波アンプTr_4によって，40dB（電圧で100倍）くらい増幅します．

検波回路と低周波アンプの間には可変抵抗器による音量調整（ボリューム・コントロール）があって，ラジオの音量を調整できます．

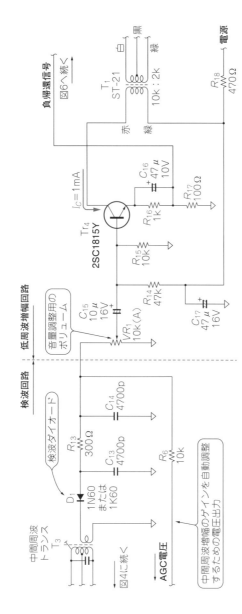

図5 検波回路と低周波増幅回路

図6へ続く

図4に続く

● 低周波電力増幅回路

　図6に，低周波電力増幅回路を示します．前段の低周波アンプから取り出せる電力は，せいぜい10mW程度です．低周波電力増幅回路で電力増幅を行ってから，スピーカを鳴らします．

　トランジスタ Tr_5 と Tr_6 は，B級プッシュプル回路です．B級プッシュプル回路を採用するのは，電力効率が高いためです．

　トランジスタ・ラジオの電源は，一般的に乾電池が使われます．なるべく効率の良い回路にして消費電力（消費電流）を抑え，電池の寿命が長くなるようにしなくてはなりません．B級アンプは増幅ひずみ率ではいくらか劣りますが，無信号時の消費電流が少なく，大きな信号でも電力効率が良いので，トランジスタ・ラジオには最適です．

　B級増幅では，信号の半サイクル分しか増幅しないので，2石を使ったプッシュプル回路の形式にする必要があります．完全なB級アンプは，無信号時のコレクタ電流はゼロです．しかし，そのような設計ではクロスオーバーひずみが発生するので，1石あたり1m～2mAのわずかなアイドリング電流（無効電流）を流しておきます．

　図6の回路では，汎用のトランジスタ（2SC1815Y，東芝）を2個使って，約200mWの最大出力を得ています．200mWは小さいように感じるかもしれませんが，一般家庭の屋内で聴取するなら十分な音量を出力できます．

IFTの製作

● 局部発振回路用コイル

　IFTを自作できる「IFTきっと」（Appendix 1参照）を使って，局発コイルを作りました．局発コイルは，使用するバリコンと密接な関係があります（図7）．

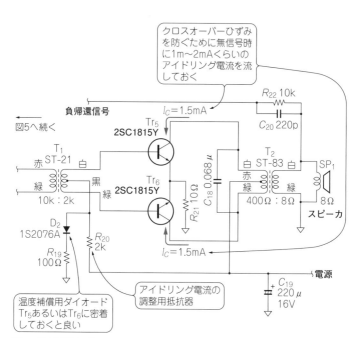

図6　低周波電力増幅回路

① 市販では最もポピュラーな140pF＋82pF（140pF＋80pFでも良い）のトラッキングレス型親子バリコン用

② 275pF×2の等容量2連バリコン用

③ 340pF×2の等容量2連バリコン用

使用するバー・アンテナのインダクタンスも，備考として併せて示しています．それぞれ適合するものを組み合わせて使います．等容量2連バリコンを使うときは，局発コイル側のバリコンと直列に，パディング・コンデンサ（padder）を入れる必要があります．

図のバリコン記号の右下にある「＋11pF」などの数値は，ラジオとして組み立てた際に想定している，浮遊容量の値です．実際の浮遊容量＋トリマ・コンデンサ（TC）の最大値の合計がそれよ

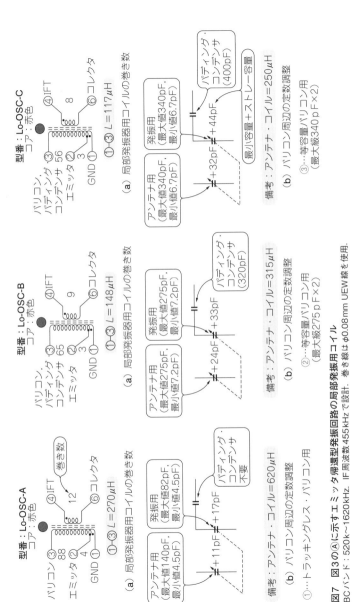

型番：Lo-OSC-A
コア：赤色

バリコン ③ 巻き数
エミッタ ② ④IFT
① 88
GND ① 4 ⑥コレクタ 12

①-③ L＝270μH

(a) 局部発振器用コイルの巻き数

アンテナ用
(最大値140pF,
最小値4.5pF)

発振用
(発振82pF,
最小値4.5pF)

パディング・
コンデンサ
不要

±11pF +17pF

備考：アンテナ・コイル＝620μH

(b) バリコン周辺の定数調整

①…トラッキングレス・バリコン用

型番：Lo-OSC-B
コア：赤色

バリコン ③ 巻き数
パディングコンデンサ
エミッタ ② ④IFT
① 65
GND ① 3 ⑥コレクタ 9

①-③ L＝148μH

(a) 局部発振器用コイルの巻き数

アンテナ用
(最大値275pF,
最小値7.2pF)

発振用
(最大値275pF,
最小値7.2pF)

パディング・
コンデンサ
(320pF)

±24pF +33pF

備考：アンテナ・コイル＝315μH

(b) バリコン周辺の定数調整

②…等容量バリコン用
(最大値275pF×2)

型番：Lo-OSC-C
コア：赤色

バリコン ③ 巻き数
パディングコンデンサ
エミッタ ② ④IFT
① 56
GND ① 3 ⑥コレクタ 8

①-③ L＝117μH

(a) 局部発振器用コイルの巻き数

アンテナ用
(最大値340pF,
最小値6.7pF)

発振用
(最大値340pF,
最小値6.7pF)

パディング・
コンデンサ
(400pF)

最小容量＋ストレー容量

±32pF +44pF

備考：アンテナ・コイル＝250μH

(b) バリコン周辺の定数調整

③…等容量バリコン用
(最大級340pF×2)

図7 図3の④に示すエミッタ帰還型発振回路の局部発振用コイル
BCバンド：520k～1620kHz．IF周波数455kHz で設計．巻き線は φ0.08mm UEW線を使用．

り小さくて不足するときは，固定コンデンサを付加して補う必要
があります．そうしないと，トラッキング調整がうまくできませ
ん．

　トランジスタ・ラジオのようにコンパクトに製作された回路で
は，浮遊容量が10pF以内になるのも珍しくありません．あらか
じめ大きめな容量のトリマ・コンデンサを使うか，コンデンサを
追加する必要があるようです．

● 455kHzで共振する中間周波増幅用IFT

　AMラジオのIFTの同調周波数は455kHzです．コイルを共振
させるためのコンデンサ，同調容量C_Tとしては100p〜300pFあ
たりの大きさを使います．これは共振インピーダンス，トランジ
スタの出力容量（数〜10pFくらいある）の大きさなどから，合理
的な容量範囲があるからです．

　$C_T = 100$p〜300pFとした場合，IFTのインダクタンスは400μ
〜1.2mHくらい必要です．

　無負荷$Q(Q_U)$の大きさは，選択度と回路の増幅度に関係し，
455kHzにて$Q_U = 100$前後が必要です．

　「IFTきっと」は，もともと455kHzのIFTを想定した素材を採
用したようで，6石スーパーに適したIFTが作りやすいようにな
っていました．

　本章では，同調容量として220pFを想定した設計で進めること
にします．また，実装時の浮遊容量として，10pFを見込みました．
IFTは，230pFで455kHzに同調するように巻くことにします．
インダクタンスは約530μHなので，**図8**の巻き数対インダクタン
スのグラフから求めて，131回巻くことになります．この程度な
ら，手巻きでも作れます．

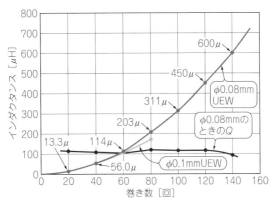

図8 「IFTきっと」の巻き数とインダクタンスの関係

■ IFT製作を成功するためポイント

● 表の見方

IFTの最適設計値は，組み合わせるトランジスタによって変わります．コイルの製作にあたって具体的に欲しい情報は，各IFTの巻き回数と何回目から引き出すかというタップの位置です．

図9に，IFTの製作データを示します．各IFTの1次側巻き線の回数およびタップの位置，2次側巻き線の回数をまとめました．黒い丸で示したピン番号が巻き始めの位置です．また，2次側の巻き線（少ない回数の巻き線側）を最初に巻いて中心部分にくるようにします．これは，2次側をつづみ型コアに密着させて，少ない巻き数の2次側が1次側巻き線と密に磁気結合するようにしたいからです．

端子①の部分にCN：xxpFと記してある容量値は，ラジオの回路図（**図1**）に示した中和コンデンサ（C_8あるいはC_{12}）の値です．トランジスタの種類ごとに最適値があって調整を要しますが，この値が0.5pFのようにごく小さいときは付けなくても大丈夫です．

使用する回路部分／使用するトランジスタ	コンバータ・1st-IF Amp 型番：ST-1A	1st-IF Amp・2nd-IF Amp 型番：ST-1B ※同調容量：C_i=220pF（すべてに適用）	2nd-IF Amp・検波回路 型番：ST-1C
シリコン・トランジスタ 例：2SC371（コンバータ）2SC372（中間周波アンプ）	コア：黄色 コレクタ③ 48 V_{CC}② 83 ① ④ベース 11 ⑥バイアス 180kΩ	コア：白色 コレクタ③ 40 V_{CC}② 91 CN 1.0pF ① ④ベース 8 ⑥バイアス 180kΩ	コア：黒色 コレクタ③ 24 V_{CC}② 107 CN 0.5pF ① ④ダイオード 23 ⑥GND
市販中間波トランス に準拠した製作例 シリコン・トランジスタ用 例：2SC1815, 2SC372 など	コア：黄色 コレクタ③ 31 V_{CC}② 100 ① 3 ④ベース ⑥バイアス 200kΩ （巻き始めのマーク） 相当品型番：IFZ-455A, SLV-CA2	コア：白色 コレクタ③ 46 V_{CC}② 85 CN 1pF ① ④ベース 3 ⑥バイアス 200kΩ 相当品型番：IFZ-455B, SLV-CB4	コア：黒色 コレクタ③ 59 V_{CC}② 72 CN 1.6pF ① ④ダイオード 33 ⑥GND 相当品型番：IFZ-455C, SLV-CC4

図9 トランジスタ・ラジオの中間周波数トランスの製作データ

同じく，端子①のところに数百 kΩ の抵抗値が書いてあります．これは設計上，①と③の端子間に並列に挿入すべき抵抗器の数値です．共振インピーダンスを下げて所定の設計ゲインになるように調整するためと，選択度が所定のとおりになるように負荷 Q を下げるための抵抗です．実際に作ってみると，この抵抗は必ずしも必要ないことも多いようですが，発振防止の意味からも付けておくと安心です．

● メーカ製 IFT の同等品（それ以上？）も作れる

図9は，市販の既製品の同等品を作るためのデータでもあります．既製品には，SLV-CA2，SLV-CB4，SLV-CC4 のシリーズ（メーカ不詳）がポピュラーです．これとおおむね同等になるように設計してみました．

ただし，既製品では同調容量 CT が IFT の底部に内蔵されています．IFT の底部に内蔵できるような小さな形状のコンデンサは入手できないため，製作した各 IFT は端子1と端子3の間に 220 pF のコンデンサを外付けして使います．メーカ製の IFT を使うのが前提の手作りラジオの回路図では，コンデンサを外付けするように書いてありませんが，自作した IFT では付け忘れると使いものになりません．

使用する 220 pF のコンデンサは，温度特性の良い CH 特性のセラミック・コンデンサを使います．

● 組み合わせるトランジスタによって IFT の設計を変える

設計で想定したデバイス（トランジスタ）とその設計例を次に示します．
① シリコン・トランジスタ用

シリコン・トランジスタ用として設計したものです．2SC1815，2SC2458，など小信号の汎用トランジスタを使う想定です．これ

らのトランジスタは高性能なのでゲインが過剰になりやすく，安定な増幅ができることをポイントに置いています．

　型名はST-1A，ST-1B，ST-1Cとします．各コイルは端子1と端子3の間に220pFのコンデンサを外付けして使います．

② ゲルマニウム・トランジスタ用

　古いゲルマニウム・トランジスタでラジオを作りたい人に向けて，Appenndix 2に設計例を掲載しています．

製作後の調整作業

■ バイアス電流

　各トランジスタのコレクタ電流を確認します．バリコンを放送のない位置へ回し，放送を受信していない状態でコレクタ電流を測定してください．回路図に書いてある電流値の±30 %以内なら，調整の必要はありません．

　同種のトランジスタでも，h_{FE}ランクが異なると予定の範囲に入らないことがあります．そのときは，回路図に*で示した抵抗を加減して，範囲に入るように調整します．

　コレクタ電流の確認方法は，回路の途中を切らずに求めることもできます．エミッタとグラウンド間に入っている抵抗の両端の電圧から知ることができます．コレクタ電流とエミッタ電流は，おおよそ同じです．エミッタとグラウンドの間に入っている抵抗器が1kΩで，グラウンドからの電圧が0.8Vなら，流れているエミッタ電流は800μA（＝0.8V/1kΩ）です．コレクタ電流は，その値からベース電流を差し引いた大きさです．仮に，$h_{FE}=100$とすればベース電流は8μAくらいなので，コレクタ電流は計算上792μAくらいになるでしょう．従って，コレクタ電流も約800μAと思って大きな違いではありません．

■ 中間周波数

各部の電流が予定の範囲に入ったら，各コイルの調整を行います．

● 中間周波トランス（IFT）の調整

自作したIFTは，LCRメータなどを使ってあらかじめインダクタンスを合わせておくと，ラジオの調整が容易になります．いずれのIFTも，インダクタンスの設計値は530 μH です．IFTの端子①と③の間で測定し，ねじコアを回転して合わせておきます．

ラジオ回路に組み込んだら，信号発生器を使って各IFTの同調調整を行ってください．信号発生器から変調を掛けた455 kHzを，周波数変換回路のトランジスタ Tr_1 のベースに加えます．このとき，バリコンは低い周波数側に回し切っておきます．音量が最大になるよう，3つあるIFTを調整します．調整に従い良く聞こえるようになってくるので，信号発生器の出力を徐々に下げていき，なるべく小さめにすると正確な調整ができます．

● 受信範囲調整

信号発生器の出力ケーブルの先端に，直径5 cm程度で5回巻きくらいの「結合コイル」を付けておきます．これは調整用の応急的なものなので，適当な電線で作れば十分です．

まずは，局発コイルと，コイルに並列になっているトリマ・コンデンサ TC_2 で受信範囲の調整を行います．受信範囲は520 k～1620 kHzです．

① バリコンを低い周波数のほうへ回し切ります．信号発生器から520 kHzを発生し，上記の「結合コイル」をバー・アンテナに結合させておきます．局発コイル（OSC Coil）のコアを調整して，520 kHzが受信できるように合わせます．

② バリコンを高い周波数側に回し切ります．信号発生器の周波
  数を1620kHzにします．ここで局発コイルと並列になってい
  るトリマ・コンデンサTC_2のほうを調整して，1620kHzが受
  信できるようにします．

　局発コイルのコアとトリマ・コンデンサTC_2は相互に影響があ
るので，上記の①と②の調整は，数回繰り返してください．トリ
マ・コンデンサTC_2の調整で終了するのがコツです．バリコンを
低いほうへ回し切ったときに520kHzが受信でき，高いほうへ回
し切ったときに1620kHzが受信できるようになっていれば，受
信周波数範囲の調整は終了です．

● **アンテナ・コイルのトラッキング調整**
① 信号発生器から550kHzを発生させます．結合コイルを，バ
  ー・アンテナの軸方向に少し離した場所に固定して，ゆるく
  結合させます．ラジオのダイヤルを回して，信号発生器の信
  号が良く聞こえる位置に合わせます．この状態でバー・アン
  テナの上の巻き線がしてあるボビンをスライドして，一番良
  く聞こえる位置にします．
② 信号発生器から1300kHzを発生させます．ラジオのダイヤル
  を回して，信号発生器の信号が良く聞こえる位置に合わせます．
  この状態で，バー・アンテナと並列になっているトリマ・コン
  デンサTC_1を調整して，一番良く聞こえるように調整します．
③ 上記の①と②を数回繰り返します．550kHzで感度が良くなる
  アンテナ・コイルの位置と，1300kHzで感度の良くなるトリ
  マ・コンデンサTC_1の位置に変化がなくなったら，トラッキ
  ング調整は終了です．必ずトリマ・コンデンサTC_1の調整で
  終了するようにしてください．

　調整中に誤って局発コイルやトリマ・コンデンサTC_2に手をつ
けてしまった場合は，受信周波数範囲の調整からやり直す必要が

あります．IFTの同調も，途中で再調整してしまったなら，最初からやり直しになります．

以上で少々簡易な方法ですが，トラッキング調整ができました．

● 信号発生器の代わりに実際の放送を利用できる

きちんと調整された6石スーパーは，とても高感度で分離も良く，放送局から遠いところでも良く聞こえることがわかるでしょう．夜間ともなれば遠く離れた他地方のラジオ放送も聞こえてきます．

信号発生器がない場合は完全な調整はできませんが，概略の調整は可能です．実際のラジオ放送を受信しながら，周波数が低い放送局と高い放送局を使って，同じ手順で調整してください．

<加藤　高広>

◆参考・引用文献◆
・高周波回路の設計，久保大次郎，1971年5月，CQ出版社
・トランジスターラジオ実践製作ガイド，丹羽一夫，2008年10月，誠文堂新光社
・東光市販品カタログ，1975年3月，東光の製品カタログ(非売品)．東光(株)
・最新トランジスタ規格表1988版，1988年6月，CQ出版(株)
・東芝半導体ハンドブック，1975年版，(株)東芝
・NEC Electronics DATA BOOK，1962年版，日本電気(株)

表1　フルディスクリート6石スーパー・ラジオの部品表

部品番号	部品名	型番・種別	備考
$Tr_1 \sim Tr_6$	トランジスタ	2SC1815(Y)	ほかに2SC2458(Y)など
D_1	ゲルマニウム・ダイオード	1N60	1K60，1N34A，SD46，OA70など
D_2	小信号用シリコン・ダイオード	1S2076A	1S1588，1N4148など
R_1	抵抗	12kΩ 1/4W	カーボン型　誤差±5%(＊)
R_2		4.7kΩ 1/4W	カーボン型　誤差±5%
R_3		5.6kΩ 1/4W	カーボン型　誤差±5%
R_4		470Ω 1/4W	カーボン型　誤差±5%
R_5		1.2kΩ 1/4W	カーボン型　誤差±5%
R_6		10kΩ 1/4W	カーボン型　誤差±5%
R_7		68kΩ 1/4W	カーボン型　誤差±5%(＊)
R_8		470Ω 1/4W	カーボン型　誤差±5%
R_9		15kΩ 1/4W	カーボン型　誤差±5%
R_{10}		62kΩ 1/4W	カーボン型　誤差±5%(＊)
R_{11}		1kΩ 1/4W	カーボン型　誤差±5%
R_{12}		470Ω 1/4W	カーボン型　誤差±5%
R_{13}		300Ω 1/4W	カーボン型　誤差±5%
R_{14}		47kΩ 1/4W	カーボン型　誤差±5%(＊)
R_{15}		10kΩ 1/4W	カーボン型　誤差±5%
R_{16}		1kΩ 1/4W	カーボン型　誤差±5%
R_{17}		100Ω 1/4W	カーボン型　誤差±5%
R_{18}		470Ω 1/4W	カーボン型　誤差±5%
R_{19}		100Ω 1/4W	カーボン型　誤差±5%
R_{20}		2kΩ 1/4W	カーボン型　誤差±5%(＊)
R_{21}		10Ω 1/4W	カーボン型　誤差±5%
R_{22}		10kΩ 1/4W	カーボン型　誤差±5%
VR_1	可変抵抗	10kΩ A型 φ16mm	つまみ付き
C_1	コンデンサ	0.1μF 25V	セラミック
C_2		4700pF 25V	セラミック(0.0047μF)
C_3		0.1μF 25V	セラミック
C_4		0.1μF 25V	セラミック
C_5		33μF 16V	アルミ電解　極性あり
C_6		0.1μF 25V	セラミック
C_7		0.1μF 25V	セラミック
C_8		1pF 25V	セラミック
C_9		0.1μF 25V	セラミック
C_{10}		0.1μF 25V	セラミック
C_{11}		0.1μF 25V	セラミック
C_{12}		0.5pF 25V	セラミック
C_{13}		4700pF 25V	セラミック(0.0047μF)

144

部品番号	部品名	型番・種別	備考
C_{14}	コンデンサ	4700 pF 25 V	セラミック (0.0047 µF)
C_{15}		10 µF 16 V	アルミ電解　極性あり
C_{16}		47 µF 16 V	アルミ電解　極性あり
C_{17}		47 µF 16 V	アルミ電解　極性あり
C_{18}		0.068 µF 25 V	マイラ・フィルム
C_{19}		220 µF 16 V	アルミ電解　極性あり
C_{20}		220 pF 25 V	セラミック
C_{21}		220 pF 25 V	セラミック　IFT_1〜IFT_3用に3個必要
VC_1	ポリバリコン	140 pF + 82 pF	BCバンド用トラッキングレス型
TC_1	セラミック・トリマ	30 pF	バリコンに付属の場合不要
TC_2	セラミック・トリマ	30 pF	バリコンに付属の場合不要
BA_1	バー・アンテナ	620 µH	SL-55X　あさひ通信　バー・アンテナ・ホルダ付き
OSC	OSCコイル	270 µH	赤色コア　トラッキングレス用　「IFTきっと」を使用
TF_1	中間周波トランス	455 kHz	6石スーパー初段用　黄色コア「IFTきっと」を使用
TF_2	中間周波トランス	455 kHz	6石スーパー段間用　白色コア「IFTきっと」を使用
TF_3	中間周波トランス	455 kHz	6石スーパー検波段用　黒色コア　「IFTきっと」を使用
	巻線	φ0.08 mm UEW線	5m程度　φ0.06mmでも良い
T_1	ドライバ・トランス	ST-21, 10 kΩ：2 kΩ	山水トランス(橋本電気製)
T_2	アウトプット・トランス	ST-83, 400Ω：8Ω	山水トランス(橋本電気製)
SW_1	スナップ・スイッチ	1回路2接点	3P型
SP_1	スピーカ	8Ω 10cm	8Ωなら何でも良い
	ツマミ	VC_1用, VR_1用	2個使用　デザインは好みで
	延長シャフト	φ6mm L=約10mm	ポリバリコン用
BAT_1	乾電池	006P型積層乾電池	9V電池スナップが必要
	ユニバーサル基板	140×90mmくらいのサイズ	
	ブレッドボード	EIC-104	ブレッドボードで作る場合のみ

トランジスタは小信号用の NPN 型シリコン・トランジスタなら多くの物が使える.
コレクタ電流の最大値が100mA, h_{FE}が150〜300程度のものが適している.
備考欄に(*)のある抵抗は組み立て後に調整を必要とする場合がある.
ブレッドボードで製作する場合、ジャンパ線など配線補助材が必要.

入手困難な部品が自作できる

中間周波トランス自作キット
「IFTきっと」

■ ラジオとIFTの基礎知識

● コイルやトランスを自作できる

　局発コイルやIFTは，入手が難しくなってきています．そのため，今回の製作ではキット（IFTきっと aitendo）を入手して自作しました．手作りのコイル/トランスでも，市販品を使った6石ラジオと同じようにうまく動作しました．

● 6石スーパーには手作りのIFTが4個使われている

　6石スーパーは，コイルやトランスといったインダクタンス部品をたくさん使っています．写真1に示すのは，6石スーパーに使ったコイルとトランスです．

　一番左のバー・アンテナ・コイルは，トランジスタ・ラジオ作りの定番部品です．その右の金属の箱に入ったものが，局発用コイルとIFT（3個）です．

　写真右側のリード線が引き出されているものは，低周波増幅回路で使うドライバ・トランスと電力増幅回路用のアウトプット・トランスです．写真のコイル類は，6石スーパーには不可欠な部品ですが，現在手に入る種類は限られています．

● IFTは入手が難しくなっている

　バー・アンテナ・コイルは，数種類の市販品があります．しかし，フェライト・コア材が手に入りやすいので，手作りが可能な電子部品です．

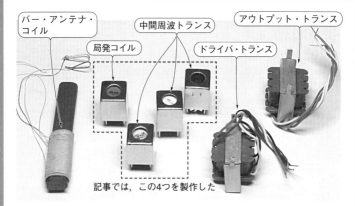

バー・アンテナ・コイル

局発コイル

中間周波トランス

ドライバ・トランス

アウトプット・トランス

記事では，この4つを製作した

写真1　フルディスクリート6石スーパー・ラジオの製作に用意したコイルとトランス

　低周波増幅回路用の小型トランスは，今のところ安定して供給されています．もし入手できなくても，使うトランジスタの数は増えますが，低周波トランスを使わない(ITL-OTL方式)回路に置き換えられます．

　規格がはっきりした物の入手が難しいのはIFTです．現在，ある程度規格がわかっている市販品は1種類だけです．販売店の情報では韓国製の輸入品とのことですが，供給に不安もあるようです．ラジオ製作を含めて，電子工作は部品がなくなれば楽しめないので，何とか解決したいと思っていました．

　IFTは，6石スーパーの感度と選択度を決める重要な部品です．規格が良くわからないIFTを使うと，満足な感度が得られないことがあります．あるいは，増幅度が過剰になり発振で手が付けられなくなることも起こります．規格のはっきりした確かな物が手に入れば良いのですが，入手が難しくなれば以下のようにIFTを自身で製作する意味が出てくるのです．

● IFTを自作できるキット「IFTきっと」

IFTは既製品を使うしかなかったのですが，製作に必要な部品が一式そろった「IFTきっと（**写真2**）」がaitendoから発売されています．そのおかげで，IFTの自作が自在にできるようになりました．

IFTきっとは，6石スーパの製作に必要な「3個のIFT」と「局発コイル」が作れるように，合計でコイル4セット分の部品がそろっています．これを使うと，少量の巻き線を別途用意するだけで，6石スーパーの製作に必須なコイルとトランスを自分で巻いて作れます．通販販売を地用して，100円で購入できます．

以前は扱うお店が限られたϕ0.08mmの巻き線（2UEW電線）も，秋葉原のオヤイデ電気や千石電商，マルツパーツなどで購入可能になりました．

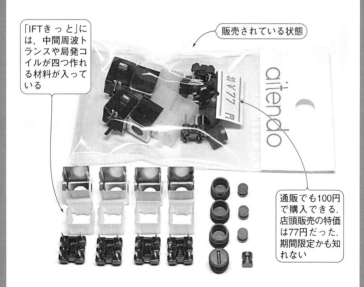

「IFTきっと」には，中間周波トランスや局発コイルが四つ作れる材料が入っている

販売されている状態

通販でも100円で購入できる．店頭販売の特価は77円だった．期間限定かも知れない

写真2　IFTを自作できるaitendoの「IFTきっと」
455 kHzの中間周波トランスや局発コイルの製作ができる部材セットになっている

● IFTを自作すれば性能を追い込める

市販のIFTは，さまざまな汎用回路で使えるように，高性能というよりも，自己発振などを起こさない無難な設計になっています．

ラジオ設計の観点から言えば，使用するトランジスタ（シリコン・トランジスタ）の仕様に合ったIFTを使うのがベストです．市販品では選択肢はありませんが，自作のIFTなら，使用するトランジスタの性能にマッチさせられます．ラジオの仕様にもかかわるので，仕様を決めるところから設計できたら最高です．ここでは標準的な仕様で製作することにしますが，いつかはオリジナルな仕様にチャレンジしてみてください．IFTの作り方は共通なので，以下の製作手順は参考になるでしょう．

■ IFTの作り方手順

● [STEP1] 巻き線の土台を作る

写真3に，IFTきっとに含まれるパーツの組み立て方を示します．5個のパーツを順に組み立てます．

電線の巻き芯の部分になる「つづみ型コア」は，台座に接着します．使う接着剤は，2液性のエポキシ系がお勧めです．私は「アラルダイト・ラピッドAR-R30」という30分硬化型を使いましたが，1液性でジェル状の瞬間接着剤も良いと思います．

コツは，なるべく少ない分量の接着剤を使い，接着面からはみ出さないようにすることです．過剰な接着剤は，断線の原因になります（**写真4**）．

外側にねじが切ってあって，頭部に溝があるカップ状の部品が調整用コアで，IFTを巻いてから標準周波数の455kHzに同調するときに使います．

市販のIFTは，局発コイルが赤色，IFTの初段用が黄色，中間段用が白色，検波段用が黒色というように，コアの頭部が着色さ

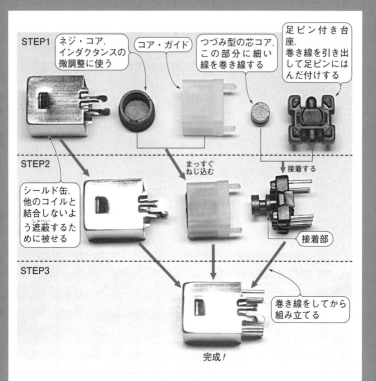

写真3 IFTを組み立てる手順（巻き線は除く）
IFTなどのコイルを製作するためには写真に示す5種類の部品のほかに接着剤，細い巻き線，はんだが必要

れていて，ひと目で回路のどの部分に使うのかわかるようになっています．もともと日本工業規格JISで決まっていたようで，今でもそれに従った製品が多数売られています．この色分けは覚えておいて損はありません．ラジオを修理するときにも役立つはずです．

　自分で作る際にも，同じように着色しておけば，間違いが防げます．ここでは，**写真5**のようにペイントしてみました．しかし，電気的な性能に影響はないので，コアの着色は必須ではありません．

写真4 製作に失敗した例
つづみ型コアと台座の接着に使用した接着剤が多すぎてはみ出した．ネジ・コアを締めていくと巻き線がコアに挟まれて断線した

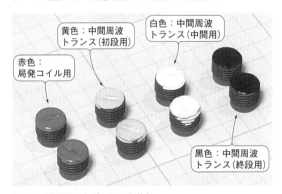

写真5 識別用にネジ・コアを着色
用途がわかるようにホビー用のエナメル塗料を使ってコアをペイント

● [STEP2] コイルを巻く

① 巻き線に使う電線を選ぶ

　必ずポリウレタン被覆電線(UEW線やウレメット線と呼ぶ)を使います．ここで使用した巻き線は，直径0.08mmという細いものです．これ以上太い線では巻き数が制限されるので，必要なイ

ンダクタンスが得られませんでした.

　実際に，0.1mmの線では70回巻くのが精いっぱいで，455kHz
のIFT用にはインダクタンスが足りません．より細い，直径0.06
〜0.08mmの巻き線を使いましょう．本記事の設計例とピッタリ
同じIFTを作る場合は，0.08mmの線を使います.

② 絶縁被覆を剥離する

　ポリウレタン電線の絶縁被覆の剥離は，簡単にできます．**写真
6**のように，はんだこての先に電線の先端とヤニ入りはんだを同
時に当てます．電線の先端部分から被覆が除去されていき，はん
だでめっきされた状態になります．先端から5mm程度，はんだ
めっきされれば十分です．はんだごてのこて先の温度は，やや高
めが良いです．温度が低いと，きれいに剥離できません.

③ 台座に配線する

　電線の先端をはんだめっきしたら，**写真7**のように台座の足ピ
ンに巻きつけてからはんだ付けします．続いて，所定の回数だけ
「つづみ型のコア」に巻き線していきます．所定の回数だけ巻けた

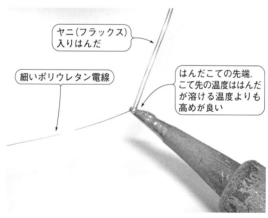

ヤニ(フラックス)
入りはんだ

細いポリウレタン電線

はんだこての先端.
こて先の温度ははんだ
が溶ける温度よりも
高めが良い

写真6　ポリウレタン電線から被覆を除去
被覆の除去と同時にはんだめっきができる

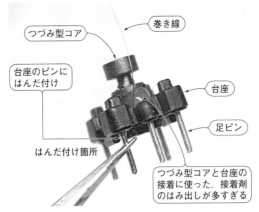

写真7 巻き線をしているところ
被覆を剥離した巻き線の片端を台座のピンにはんだ付けしてから巻き始める

ら，巻き線の終端部分を先端と同じようにはんだめっきしてから，台座の所定の足ピンにはんだ付けします．これで巻き線は完了です．

● [STEP3] ネジ・コアとコア・ガイドを合体して台座にはめ込み金属シールド缶をかぶせる

巻き線が済んだら，**写真8**のように調整用のネジ・コアとコア・ガイド(白い樹脂製のパーツ)を組み合わせます．その後，金属のシールド缶に挿入して**写真9**のように完成させます．

どんなIFTなのか識別できるように，**写真5**に示すコアのペイントとともに，シールド缶に型名を書いておくとわかりやすいです．

写真4に示したように，調整用のネジ・コアを回したときに，はみ出した接着剤とネジ・コアの間に巻き線が挟まれて断線しました．つづみ型コアとネジ・コアの隙間はごくわずかなので，接着剤のはみ出しがよくなかったのです．

153

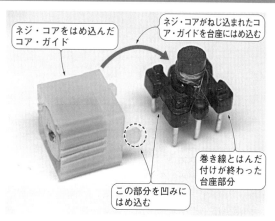

ネジ・コアをはめ込んだ
コア・ガイド

ネジ・コアがねじ込まれたコ
ア・ガイドを台座にはめ込む

この部分を凹みに
はめ込む

巻き線とはんだ
付けが終わった
台座部分

写真8　ネジ・コアがねじ込まれたコア・ガイドと台座を合体

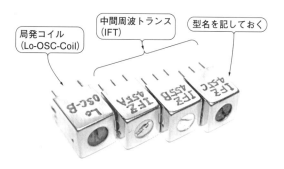

局発コイル
(Lo-OSC-Coil)

中間周波トランス
(IFT)

型名を記しておく

写真9　出来上がった4種類のIFT
種類がすぐわかるようにコアのペイントとともに本体に型名も書いておく

このようなトラブルはありましたが，問題に気付いて以降は，
すべてスムーズに製作できました．

■「IFTきっと」で作れるさまざまなIFTのインダクタンス
　性能

　IFTきっとに付属している材料で作ったコイルの特性を実測し
た結果が，第10章の図8(p.137)です．

巻き回数とインダクタンスおよびコイルの良さを表すQの値を求めてあります．直径0.08mmの電線を，つづみ型コアに巻けるだけいっぱいに巻いてから，10回ずつ解きながら測定してグラフを作成しました．いったんこのようなグラフを作成しておけば，以降は希望のインダクタンスに対応する巻き数をただちに求められます．

＜加藤　高広＞

コラム　コイルはノイズ対策部品でもある．ラジオや無線機だけに使うものじゃない

　自家用に趣味で作った電子機器なら，いくらか外来ノイズに弱いとか，少々ノイズを輻射気味だとは思っても，自身がわかって使えばすむかもしれません．しかし，多くの市販電子機器では予定の機能や性能が実現できただけでは完成品になりません．

　外来のノイズに強く，自身も他の電子機器に妨害を与えるような輻射ノイズの発生がないことを十分に検証・確認しなくてはなりません．出荷先の地域や製品の種類によっても異なりますが，各種のノイズ関係の規格が決められていて，それにパスすることが製品として出荷するためには不可欠です．ノイズ対策ができないために出荷がストップする事例は日常茶飯事です．

　電子回路のノイズ対策では，バイパス・コンデンサのほかにEMIフィルタ，チョーク・コイルのような巻き線部品も多用されています．これらのノイズ対策部品は，いったん回路に付け加えて規格をクリアしてしまうと，その効果は半信半疑でも外せなくなります．そうでなくてもコストが厳しい製品開発では，不要な部品はたとえ1個でも省かなくてはなりません．

　コイルの働きを知り，どのような性質をもった部品なのかがわかっていれば，ノイズ対策の現場でも大変有利に進めることができるはずです．

　ラジオのような高周波回路の経験は，電子機器のノイズ対策の強力な武器になります．

＜加藤　高広＞

ゲルマニウム・トランジスタを使って

6石スーパー・ラジオを作る

第10章では，シリコン・トランジスタを使用して6石スーパー・ラジオを製作しました．本稿では，ゲルマニウム・トランジスタを使用してこのラジオの作る際のポイントを説明します．

回路は基本的に同じです．回路図を**図A**に，製作したラジオを**写真A**に示します．

● ゲルマニウム・トランジスタを使う

写真Aで使用している半導体は，周波数変換2SA15，中間周波増幅2SA12×2，検波1N34A，低周波増幅2SB75，低周波電力増幅2SB77×2というラインアップです．

ゲルマニウム・トランジスタを使った回路例(**図A**)とシリコン・トランジスタの2SC1815Yを使った回路例(第10章**図1**)のどちらも，自作した局発コイルやIFTを使っています．いろいろなトランジスタと挿し換えてようすを見ましたが，VHF帯用のメサ型トランジスタのような，かけ離れた特性の一部トランジスタを除けば，問題なく代替可能でした．

『トランジスタ規格表(CQ出版社)』を参照して，例に示したトランジスタと類似の性能のものならどれでも使えるでしょう．

● ゲルマニウム・トランジスタ・タイプ製作時の注意点

図AはPNP型トランジスタを使っているので，プラス側がコモン(グラウンド：GND)になっています．一方，第10章**図1**はNPN型トランジスタを使っているため，マイナス側がコモンです．それに伴って，それぞれ電解コンデンサの極性も逆になるので気を

付けてください.

　ゲルマニウム・トランジスタとシリコン・トランジスタでは，ベース-エミッタ間電圧 V_{BE} の違いから，バイアス回路の設計も異なります.

　低周波電力増幅2SB77×2のバイアス回路には，サーミスタが使われています. サーミスタは，金属酸化物の粉体を成型・焼結したセラミック・デバイスです. 一種の半導体デバイスであり，温度によって抵抗値が大きく減少する特性を持っています. この特性を使って，ゲルマニウム・トランジスタの温度補償を行います. 従って，電力増幅用トランジスタの温度がサーミスタにうまく伝わるように部品を配置します. サーミスタは，ゲルマニウム・トランジスタを使った電力増幅器の温度補償用としてよく使われました. 現在では，感度が高く扱いやすいデバイスとして，冷暖房機器の温度センサの用途に広く使われています.

● **組み合わせるトランジスタによってIFTの設計を変える**

　図Bは，市販IFTと同等のものを作るためのデータです. 設計で想定したデバイス(トランジスタ)と，その設計例を次に示します.

① ゲルマニウム・アロイ型トランジスタ用

　大変古い形式のトランジスタです. お店の古い在庫品を発掘して製作を楽しむ人もあるようなので，最適設計しました.

　型名はGT-1A(初段)，GT-1B(中間)，GT-1C(終段)としておきました. 各コイルは端子1と端子3の間に220pFのコンデンサを外付けして使います.

② ゲルマニウム・ドリフト型のトランジスタ用

　アロイ型よりも，やや性能が良くなった世代のトランジスタ用です. こうした世代のトランジスタも手に入るので，最適設計しておきました.

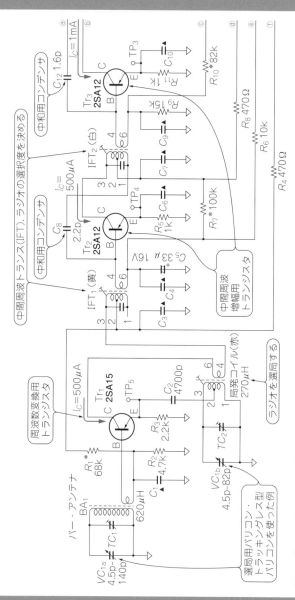

図A ゲルマニウム・トランジスタを使った6石スーパー・ラジオの回路図（その1）

158

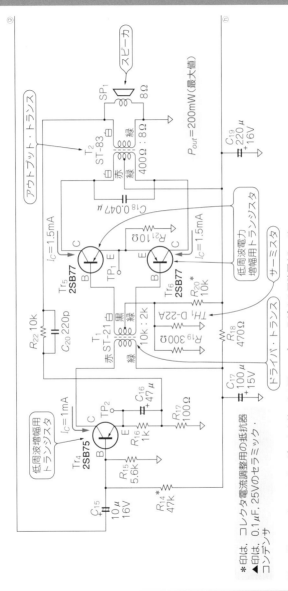

図A ゲルマニウム・トランジスタを使った6石スーパー・ラジオの回路図（その2）

* 印は、コレクタ電流調整用の抵抗器。
▲印は、0.1μF、25Vのセラミック・コンデンサ。

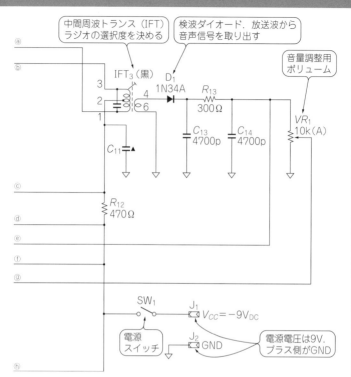

図A　ゲルマニウム・トランジスタを使った6石スーパー・ラジオの回路図(その3)

　型名はGT-2A，GT-2B，GT-2Cとします．各コイルは，端子1と端子3の間に220pFのコンデンサを外付けして使います．

● 今でも入手できるかもしれない

　ゲルマニウム・トランジスタは，1960年代に生産が本格化し，最盛期の1967年ころには6億個/年以上も作られました．そしてその多くは，トランジスタ・ラジオなどの家電品となって輸出の花形になりました．一般的には入手困難な部品ですが，たくさん

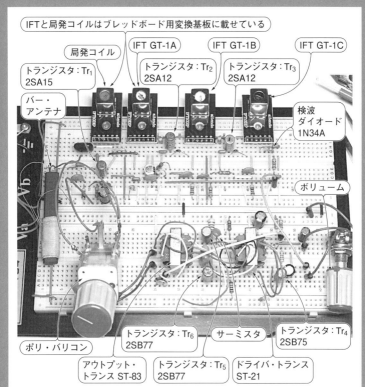

写真A　ゲルマニウム・トランジスタで組んだ6石スーパー・ラジオ

作られた電子部品なので，現在でも部品販売店に残っていたり，ネット・オークションで見つかったりするかもしれません．

　ゲルマニウム・トランジスタが淘汰されたのは，シリコン・トランジスタに比べて性能や経済性で劣っていたからです．しかし，ラジオが量産された実績が示すように，ラジオ用のデバイスとしては十分な性能を持っています．もし手に入ったなら，実際にラジオを作ってみるのも興味深いでしょう．

　そのほかの用途として，ゲルマニウム・トランジスタは，エレ

161

使用する回路部 使用するトランジスタ	コンバータ・1st-IF Amp	1st-IF Amp・2nd-IF Amp ※同調容量：$C_t=220\text{pF}$（すべてに適用）	2nd-IF Amp・検波回路
ゲルマニウム・トランジスタ （アロイ系） 例：2SA52（コンバータ） 2SA53（中間周波 アンプ）	型番：GT-1A コア：黄色 コレクタ③ ④ベース 6 23 V_{CC}② 108① 220kΩ	型番：GT-1B コア：白色 コレクタ③ ④ベース 4 25 V_{CC}② 106① 220kΩ CN 2.2pF	型番：GT-1C コア：黒色 コレクタ③ ④ダイオード 22 19 V_{CC}② 112① ⑥GND CN 1.6pF
ゲルマニウム・トランジスタ （グローン・ドリフト系） 例：2SA160（コンバータ） 2SA156（中間周波 アンプ）	型番：GT-2A コア：黄色 コレクタ③ ④ベース 7 25 V_{CC}② 106① 200kΩ	型番：GT-2B コア：白色 コレクタ③ ④ベース 6 33 V_{CC}② 98① 200kΩ CN 0.5pF	型番：GT-2C コア：黒色 コレクタ③ ④ダイオード 22 35 V_{CC}② 96① ⑥GND CN 0.5pF

図B　ゲルマニウム・トランジスタ・ラジオの中間周波数トランスの製作データ

キ・ギターの音作りのための「エフェクタ」に使われます．独特の音色があるとして，ミュージシャンたちに珍重されているそうです．　　　　　　　　　　　　　　　　　　　　＜加藤　高広＞

市販ICで作るSDR

フルディジタル・ラジオ製作集

　筆者が初めてラジオを作り，技術の世界に最初の一歩を踏み入れたのは1974年のことです．当時小学生だった私は，スパイダ・コイルを巻いて作るゲルマニウム・ラジオ・キットを組み立てました．クリスタル・イヤホンからかすかに聞こえるラジオ放送に，耳を澄ましたのを覚えています．

　あれから40年あまりたった今，ラジオの構成は大きく変化し，ソフトウェア無線（SDR：Software Defined Radio）が主流になりました．

　第2部では，秋葉原で入手できるSDRデバイス3種類による，ラジオの試作を行います．あまり難しいことは考えずに，手軽に高性能なSDRデバイスを使ったラジオを体験してみます．ラジオの製作に使用した3種類のデバイスを**表1**に示します．製作したラジオのプログラムなどのデータと説明の動画を，ダウンロード・サービスで用意しています．詳細は，p. 252を参照してください．

表1　3種類のSDRデバイスを料理する

型　　名	マイコン	LW	AM	SW	FM	FMステレオ	備　考
KT0922	不要	–	○	–	○	○	設定用EEPROMが必要
KT0915	必要	○	○	○	○	○	–
RDA5807	必要	–	–	–	○	○	–

初出：『トランジスタ技術』2018年10月号

写真1に示すのは，マイコン内蔵FMステレオ/AMラジオです．KT0922は，CPUを内蔵しており，外付けのEEPROMに書き込んだコマンドによって，自分好みに仕様をカスタマイズできます．受信の周波数範囲や，ディエンファシス，周波数ステップなど，あらゆる設定をEEPROMに書き込んでデバイスを制御します．

● ESP32マイコン・ボードでコマンド・ファイルをEEPROM
　に書き込む
　KT0922のデータシートを参考にしながらコマンド・リストを

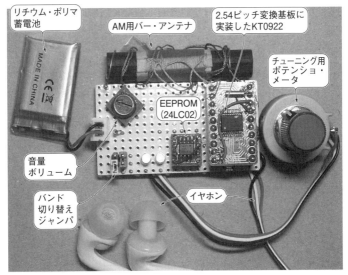

写真1　自分好みに操作性をカスタマイズできるマイコン内蔵のEEPROM×FMステレオ/AMラジオ基板
写真には見えないが，イヤホンはステレオ・ミニ・ジャックに接続する

165

作成します．コマンドはかなりの分量があり，一部不明なコマンドもあって自力での作成が困難でした．インターネットで公開されていた製作例[*1]を参考に，必要に応じて一部変更してコマンドを作成しました．

　コマンド・ファイルの作成には，フリーウェアのFavBanEditを使用し，アドレス00H〜FFHまでデータを書き込んでバイナリ・ファイル(.bin)を作成します．

　EEPROMには，データシートにも記載されている2Kビット容量の24LC02を使用しました(24C02でも，動作電圧が1.8〜5.5Vの製品であれば使用可)．これより大容量のEEPROMは，リード/ライト時のデータ・フォーマットが異なるため使用できません．

　図1に示すように，EEPROMへの書き込みにはマイコン・ボードESP32-DevKitCを使います．コマンド・ファイルは，パソコンのターミナル・ソフト(Tera Term)を用いて，マイコン・ボードのI^2Cを介してファイルを書き込みます．

　手順は次のとおりです．

① ESP32 ボードに EEPROM ライターを書き込む(ARDUINO1.8.2使用)
② **図1**で示すように，ESP32ボードと24LC02を接続し，USB経由でパソコンとESP32ボードを接続する
③ Tera Termを起動し，シリアル・ポートでESP32ボードに接続する
④ 「ファイル」→「ファイル送信」を選び，上で作成した.binファイルを選択し，「バイナリ」にチェックを入れる
⑤ 「開く」をクリックすると，ファイルがEEPROMに転送される

*1　ヤマネ製作所な日々　http://yamane-factory.cocolog-nifty.com/

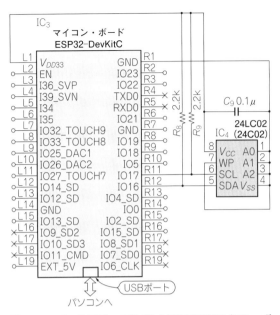

図1 EEPROM(24C02)への書き込みにはESP32マイコン・ボードを使う

以上でEEPROMへの書き込みが完了です.

● 回路構成と組み立て

図2に示す回路を,ユニバーサル基板もしくはブレッドボードで製作します.部品表を表2に示します.

AM受信用のバー・アンテナは,AM用の300μ〜500μH程度のものであれば使用可能です.

VR_1とVR_2は,それぞれ選局用と音量調整用です.実験で使うにはどちらも半固定抵抗器で問題ありません.本機では,選局用に多回転ポテンショ・メータを付けました.選局の操作性が,各段に向上します.

仕様書の記載では,バンド切り替えにスイッチSW_1を用いてお

168

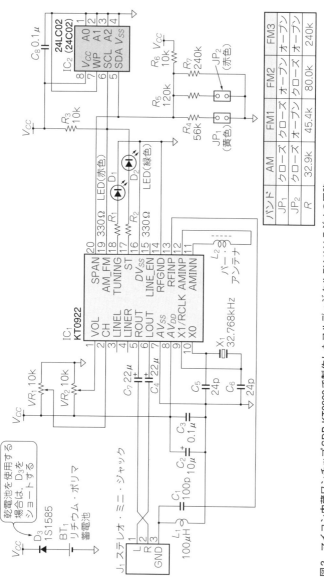

図2 マイコン内蔵ワンチップSDR KT0922で製作したフルディジタルFM/AMラジオの回路

バンド	AM	FM1	FM2	FM3
JP_1	クローズ	クローズ	オープン	オープン
JP_2	クローズ	オープン	クローズ	オープン
R	32.9k	45.4k	80.0k	240k

表2 マイコン内蔵FM/AMラジオの部品表

部品番号	品名
IC_1	KT0922(DSPラジオIC)
D_1	LED　赤色
D_2	LED　緑色
D_3	1S1585
C_1	100pF　セラミック・コンデンサ
C_2	10μF　電解コンデンサ
C_3, C_8	0.1μF　セラミック・コンデンサ
C_4, C_7	22μF　電解コンデンサ
C_5, C_6	24pF　セラミック・コンデンサ
R_1, R_2	330Ω
R_3, R_6	10kΩ
R_4	56kΩ
R_5	120kΩ
R_7	240kΩ
VR_1	10kΩ(多回転ポテンショ・メータ)
VR_2	10kΩ(半固定抵抗)
L_1	100μH　マイクロ・インダクタ
L_2	バー・アンテナ
X_1	32.768kHz(水晶発振子)
J_1	φ3.5mmステレオ・ミニ・ジャック
JP_1	黄色
JP_2	赤
BT_1	リチウム・ポリマ電池　3.7V/300mA

EEPROM書き込み用

部品番号	品名
IC_2	24LC02 EEPROM (24C02でも動作電圧が1.8〜5.5Vの製品であれば使用可)
IC_3	ESP32-DevKitC　マイコン・ボード
C_9	0.1μF　セラミック・コンデンサ
R_8, R_9	2.2kΩ

り，SPAN端子に接続する抵抗値を選択しています(**図3**)．本機では，抵抗の組み合わせで所定の値が得られるような抵抗値を選び，切り替えスイッチの代わりに，ジャンパ・ピン(JP_1, JP_2)の

バンド	部品番号	抵抗値
	R_1	10kΩ
AM	R_2	30kΩ
FM1	R_3	47kΩ
FM2	R_4	82kΩ
FM3	R_5	256kΩ

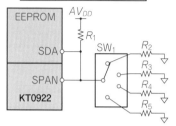

**図3 バンド切り替えに指定の抵抗値を
選択する**
図2の回路図とは部品番号が異なる（KT0922
のデータシートより）

挿抜で切り替えられるように，簡略化しました．

　電源にはリチウム・ポリマ電池を使いましたが，乾電池2本でも動作します．

● **動作確認**

　AM/FMともに，十分実用レベルの受信機ができました．感度，音質，音量どれも問題はありません．

　信号の入感があると，赤色LEDが点灯します．ただし，AM受信時はノイズにも反応してしまうので，常時点灯してしまいます．FM受信時には，正常に点灯/消灯します．緑色LEDは，FMでステレオ受信した場合に点灯します．

　AMの受信では，バー・アンテナの感度によって受信性能に差が出ます．高感度で受信したい場合は，長く色の黒い（不純物の少ない）バー・アンテナを選ぶと良いでしょう．

　LW（長波）/SW（短波）/AM（中波）/FM（超短波ステレオ）が聴
ける超広帯域ラジオ（**写真2**）を製作します．使用したラジオIC
（KT0915）は，Arduino IDEで作成したプログラムを　ESP32ボ
ードに書き込んで，I²Cで制御します．

● 回路構成
　図4に示すのは，ラジオIC（KT0915）のブロック図です．PLL
を使った広帯域な局発用シンセサイザを用いて，150k～30MHz
のLW/MW/SWのAMモードと，FMモードは30M～110MHz
までの範囲を受信できます．

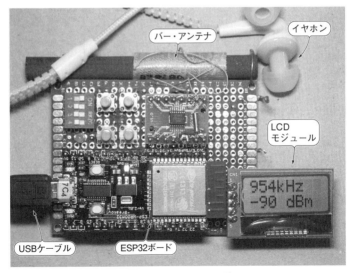

写真2　LW/SW/AM/FM が聴けるワイドバンド・ラジオ
使用したラジオIC（KT0915）は，ESP32ボードとArduinoを使ってI²Cで制御する

171

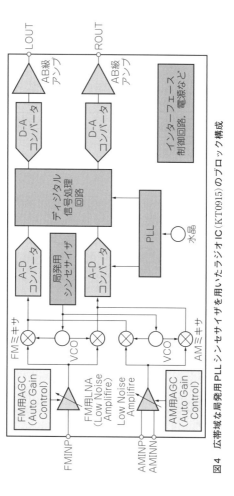

図4 広帯域な局発用PLLシンセサイザを用いたラジオIC（KT0915）のブロック構成

　図5に示すのは，製作した回路です．部品表を**表3**に示します．

　短波用のプリアンプは，他のラジオ用IC（Si4825）のデータシートで紹介されていた回路を流用しました．AM受信時にプリアンプが動作していると大きなノイズが出るため，短波受信時以外はプリアンプをスイッチ（SW$_6$）で切ります．

マイコンは，USBシリアル・インターフェース付きのブレーク
アウト・ボードESP32 DevKitCを使用します．最近は種類も増え
ており，互換品でもよいでしょう．

受信バンドは，4ビットのDIPスイッチ(SW$_5$)で切り替えます．
DIPスイッチは，ON側にするとGNDに接続されます(0に設定)．
OFF側にすると，V_{CC}にプルアップされます(1に設定)．

SW$_1$とSW$_2$は周波数のUP/DOWN，SW$_3$とSW$_4$は音量のUP/
DOWNを行うスイッチです．

● 組み立て

部品の実装は，基板でもブレッドボードでもかまいません．た
だし，プリアンプを実装する場合は，基板のほうが有利です．**写
真2**では小さな基板にびっしり実装していますが，ESP32ボード
からのノイズを避けるために，KT0915チップとバー・アンテナ
はESP32から少し離したほうが良いでしょう．

● プログラム

プログラムは，Arduino IDEを使って作りました．書き込みの
手順は次のとおりです．

① USBケーブルでパソコンにESP32ボードを接続する
② Arduinoを起動（Arduino1.8.13で確認）
③ 「ファイル」→「開く」でKT0915SDR005.inoを開く
④ 「ツール」→「ボード」で"ESP32 Dev Module"を選択
　 ※ESP32が見つからない場合は「ボードマネージャ」か
　 ら「ESP32」をインストールする
⑤ 「ツール」→「シリアルポート」からESP32ボードがつな
　 がっているポートを選択
⑥ 「→」(マイコンボードに書き込む)ボタンをクリックして，

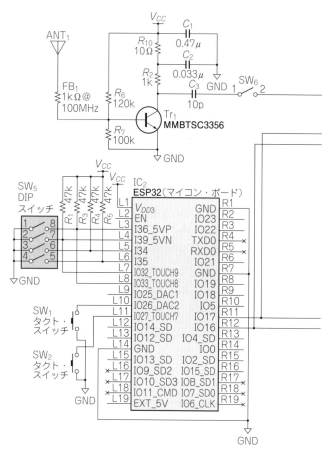

図5 KT0915で製作したLW, SW, AM/FMが聴ける超広帯域ラジオの回路

デバイスの制御コマンドは，WIRE命令を使ってI²Cで送信し
ます．「setup()」で初期設定を行ったあと，割り込みは使わずに，

174

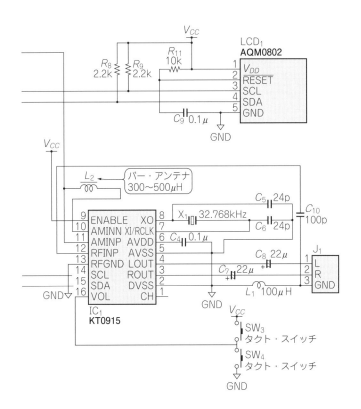

　メイン・ループでDIPスイッチの状態を検出します．バンドを切
り替えたあとで，チューニング操作の処理をします．

　音量調整はデバイスの機能を利用しており，プログラムは関与
していません．液晶ディスプレイには，周波数［kHz］と受信信
号強度RSSI［dBm］を表示します．

表3 ワイドバンド・ラジオの部品表

部品番号	値/品名
IC$_1$	KT0915　ワイドバンドDSPラジオIC
IC$_2$	ESP32 DevKitC　マイコン・ボード
Tr$_1$	MMBTSC3356
C$_1$	0.47 μF　セラミック・コンデンサ
C$_2$	0.033 μF　セラミック・コンデンサ
C$_3$	10 pF　セラミック・コンデンサ
C$_4$, C$_9$	0.1 μF　セラミック・コンデンサ
C$_5$, C$_6$	24 pF　セラミック・コンデンサ
C$_7$, C$_8$	22 μF　電解コンデンサ
C$_{10}$	100 pF　セラミック・コンデンサ
R$_1$, R$_3$～R$_5$	47 kΩ
R$_2$	1 kΩ
R$_6$	120 kΩ
R$_7$	100 kΩ
R$_8$, R$_9$	2.2 kΩ
R$_{10}$	10Ω
R$_{11}$	10 kΩ
FB$_1$	1 kΩ@ 100 MHz　ムラタ BLM18R
L$_1$	100 μH　マイクロ・インダクタ
L$_2$	バー・アンテナ300～500 μH
X$_1$	32.768 kHz　水晶発振子
LCD$_1$	AQM0802　8×2行
J$_1$	ϕ3.5 mm ステレオ・ミニ・ジャック
ANT$_1$	ビニル線　7 m
SW$_1$～SW$_4$	タクト・スイッチ
SW$_5$	4ビットDIPスイッチ
SW$_6$	スライド・スイッチ

● 動作確認

　ESP32ボードのUSBを介して，5V電源を供給します．USB接続元のパソコンからノイズが発生しているため，ラジオ基板はパソコンからなるべく離します．USB電源の供給は，パソコンよりもモバイル・バッテリなどを利用したほうが，ノイズは少ないでしょう．

表4 DIPスイッチ設定と受信バンドの関係

DIPスイッチ	チャネル	周波数	ステップ	備 考
0000	LW	150k〜503kHz	1kHz	−
0001	AM	504k〜1710kHz	9kHz	国内のAMラジオ帯
0010	AM	500k〜1710kHz	10kHz	米国は10kHzステップ
0011	SW1	1.6M〜10MHz	5kHz	−
0100	SW2	10M〜20MHz	5kHz	−
0101	SW3	20M〜32MHz	5kHz	−
0110	FM1	32M〜47MHz	50kHz	−
0111	FM2	47M〜63MHz	50kHz	−
1000	FM3	63M〜76MHz	50kHz	−
1001	FM4	76M〜95MHz	100kHz	国内のFMラジオ帯
1010	FM5	95M〜110MHz	50kHz	−

　DIPスイッチ設定と受信バンドの関係を**表4**に示します．AM
とFMは，十分な感度で受信できました．FMの受信帯域は32M
〜110MHzと超広帯域で，このうち国内の放送局があるのは
FM4の76M〜95MHzです．

　短波放送は，プリアンプをONにした状態で約7mのビニル線
アンテナを室内に張って受信を試みました．国内だけでなく，中
国や台湾，北朝鮮などの国際放送局の入感がありました．

　長波帯は，ラジオ放送の入感が見られませんでした．国内で長
波放送は行われていませんが，ロシアやモンゴル，ヨーロッパ地
域では放送があるようです．

製作3：充電OK　高感度ディジタルFMラジオ RDA5807

　FMラジオに特化したSDRデバイスRDA5807を使った，高音
質・高感度なFMラジオ（**写真3**）を製作します．実用性を重視し，
リチウム・ポリマ蓄電池と充電回路を搭載し，音質向上のために
イヤホン・アンプを外付けしました．

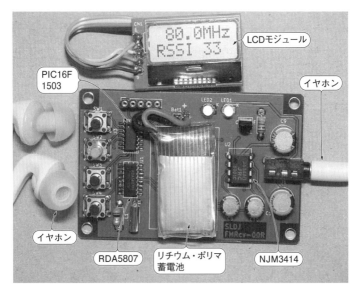

写真3　充電機能付きの高感度ディジタルFMラジオ
実用性を重視し，リチウム・ポリマ蓄電池と充電回路を搭載し，イヤホン・アンプもつけた

● 回路構成

　図6に，RDA5807のブロック図を，図7に製作した回路を，表5に部品表を示します．

　RDA5807には，いくつかバリエーションがあります．ここでは，リチウム・ポリマ蓄電池(満充電で約4.2V)で使えるように，RDA5807SP(動作電圧2.7～5.5V)を選びました．入手性や受信感度では，RDA5807FP(動作電圧2.7～3.3V)のほうが有利です．電源を乾電池やニッケル水素蓄電池2本とする場合は，こちらが使えます．

　RDA5807を制御するマイコンは，廉価なPIC16F1503を選びました．I^2CでRDA5807とコマンドのやり取りをします．

　充電回路には，5V入力のリチウム・イオン蓄電池1セル専用の充電IC(MCP73831)を使用しました．充電用の電源は，4ピンの

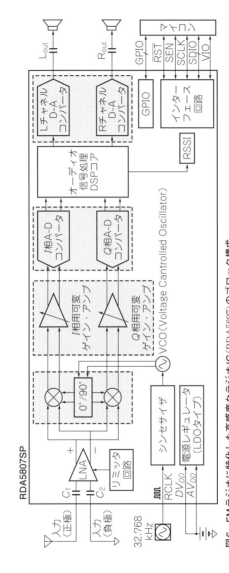

図6 FMラジオに特化した高感度なラジオIC（RDA5807）のブロック構成

179

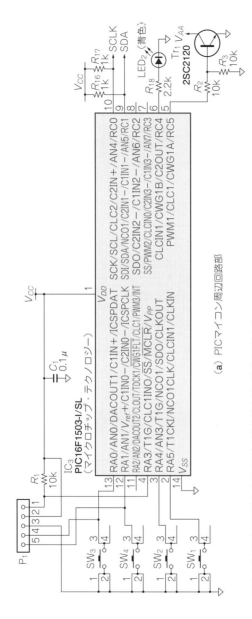

図7 RDA5807 で製作した高感度な FM ラジオの回路構成（その1）

(a) PICマイコン周辺回路部

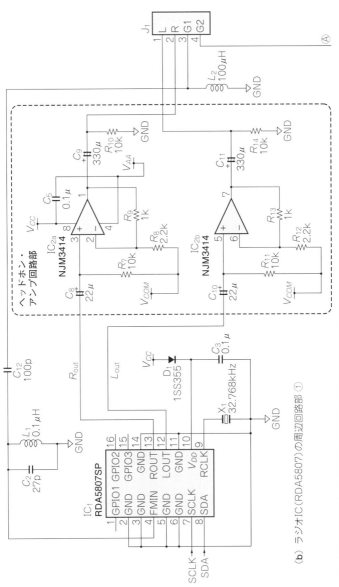

(b) ラジオIC(RDA5807)の周辺回路部 ①

図7 RDA5807で製作した高感度なFMラジオの回路構成(その2)

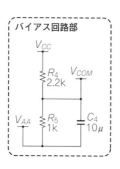

バイアス回路部

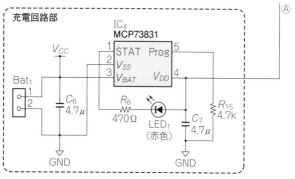

(b) ラジオIC（RDA5807）の周辺回路部②

図7　RDA5807で製作した高感度なFMラジオの回路構成（その3）

イヤホン・ジャックJ_1の4番端子から，iPod shuffle2（第2世代）用USBアダプタ（**写真4**）を使って，USB充電器またはパソコンなどから供給します（第3世代以降のアダプタは使えません）.

RDA5807はヘッドホン・アンプを内蔵していますが，外付けのアンプを追加して音質の向上を図りました．ヘッドホン・アンプ部（IC_2）には，2回路入り8ピンOPアンプNJM3414を使用しました.

アンテナ入力は，ヘッドホン・ケーブルのアース側を使います．ヘッドホン・ジャックのGND側（J_1の3番端子）をインダクタ（L_2）で高周波的にGNDから分離し，100pF（C_{12}）を通してアンテナと

表5 高感度ディジタル・ラジオの部品表

部品番号	値/品名	備考
IC_1	RDA5807SP	FMバンドDSPラジオIC SOP16パッケージ
IC_2	NJM3414	オペアンプ DIP 8ピン
IC_3	PIC16F1503-I/SL	PIC SOP14パッケージ
IC_4	MCP73831	リチウム・ポリマ電池充電コントローラ SOT-23-5パッケージ
Tr_1	2SC2120	TO-92パッケージ
D_1	1SS355	ダイオード SMD 1608サイズ
LED_1	LED	3mm 赤
LED_2	LED	3mm 青
C_1, C_3, C_5	0.1 μF	コンデンサ SMD 1608サイズ
C_2	27 pF	コンデンサ SMD 1608サイズ
C_4	10 μF	コンデンサ SMD 2012サイズ
C_6, C_7	4.7 μF	コンデンサ SMD 2012サイズ
C_8, C_{10}	22 μF	電解コンデンサ
C_9, C_{11}	330 μF	電解コンデンサ
C_{12}	100 pF	コンデンサ SMD 1608サイズ
R_1～R_3, R_7, R_{10}, R_{11}, R_{14}	10 kΩ	抵抗 SMD 1608サイズ
R_4, R_8, R_{12}, R_{18}	2.2 kΩ	抵抗 SMD 1608サイズ
R_5, R_9, R_{13}, R_{16}, R_{17}	1 kΩ	抵抗 SMD 1608サイズ
R_6	470 Ω	抵抗 SMD 1608サイズ
R_{15}	4.7 kΩ	抵抗 SMD 1608サイズ
L_1	0.1 μH	マイクロ・インダクタ
L_2	100 μH	マイクロ・インダクタ
X_1	32.768 kHz	水晶発振子
SW_1～SW_4	DTS-6-V	タクト・スイッチ
J_1	MJ-4PP-9	4極ミニ・ジャック
P_1	01×05	ピンヘッダ
BAT_1	リチウム・ポリマ (3.7 V)	ストレート・ヘッダ・ピン 1×2付き

基板のイヤホン・ジャックへ

USB充電器またはパソコンへ

写真4　リチウム・ポリマ蓄電池の充電には iPod shuffle2(第2世代) 用USBアダプタを使う
第3世代以降のアダプタは使えません

します．RDA5807のRF入力には，L_1とC_2による並列共振回路を付加することで必要な帯域だけを入力させます．

● 組み立て

　KiCadを使って，基板を作りました．基板のデータは，ダウンロード・サービスで提供します．詳しくは，p. 252の説明を参照してください．

　ユニバーサル基板で組む場合は，PICマイコンにDIP品を選び，RDA5807とMCP23017はピッチ変換基板を使って配線します．周波数とRSSIを表示する液晶パネルは，不要なら付けなくてもかまいません．

　全てタクト・スイッチで構成したかったため，電源スイッチは装備せずにマイコンとRDA5807をスリープさせています．

● 動作確認

　ポートRA_4のSW_2でON/OFF(スリープ)します．SW_2を押すとLED_2が2回点滅してスリープ状態に入ります．この状態からもう一度SW_2を押すと動作を開始します．

　動作電流はおよそ30mA，スリープ電流は$50\mu A$以下です．スリープ時に消費電流を抑えるため，Tr_1でOPアンプIC_2の電源をOFFします．ポートRA_1のSW_4はチューニング用で，押すたび

184

に上り方向にシーク選局します．ポートRA5のSW1と，RA0の SW3は，それぞれ音量をUP/DOWNします．LED2は受信時に点 灯します．LED1は充電中に点灯し，充電が完了すると消灯しま す．

　本機は感度が非常に良好で，普通に電車に乗っていても良く聞 こえます．外付けのアンプの効果で音質も良好です．

＜肥後　信嗣＞

コラム　ワンチップ・ラジオ IC の感度と相互変調ひずみ

　ラジオICのデータシートには，感度(sensitivity)が記載されて います．今回使用したデバイスの感度は，すべて$(S+N)/=26\,dB$ という条件の感度です．復調信号のS/Nが26 dBになるRF入力 レベルを示します．この数値が低いほど，高感度になります．

　主なワンチップ・ラジオICの感度を**表A**にまとめました．IP3 というパラメータもデータシートに示されています．これは，「3 次相互変調ひずみのインターセプト・ポイント」と呼ばれ，この 数値が大きいほど，複数の周波数の相互変調ひずみによる受信信 号への妨害波が発生しにくいことを示します．　　＜肥後　信嗣＞

表A　ワンチップ・ラジオ IC の感度と相互変調ひずみ

型　名	FM		AM
	感度	IP3	感度
	μV_{EMF}	$dB\mu V_{EMF}$	μV_{EMF}
KT0922	1.6～2.0	85	15
KT0915	1.6～2.0	85	15
RDA5807SP	1.5～2.0	80	－
RDA5807FP	1.3～1.5	80	－

トランスミッタ・デバイスQN8027をRDA5807と 組み合わせてFMラジオ・トランシーバを作る

● FMステレオ・トランスミッタIC QN8027

QN8027は，少ない外付け部品でFMステレオ・トランスミッタが構成できるICです．ポータブル・プレーヤの出力をFMラジオに飛ばす，車載のシガー・ライタ・ソケットに挿して使うタイプのプレーヤに使うなどの用途に開発されました．

このデバイスとFMラジオIC RDA5807を組み合わせて，トランシーバに仕上げてみました（写真A）．

● スケルチをどうするか

FMモードの受信機は，電波を受信していない無信号時に，「ザー」という耳障りな大きなノイズが鳴りっぱなしになります．そ

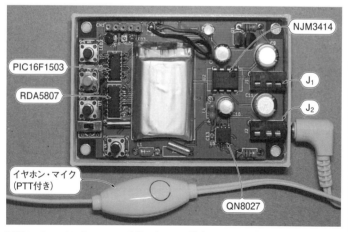

写真A RDA5807とQN8027を組み合わせて構成したFMラジオ・トランシーバ

こで，FMトランシーバには，無信号時に音声出力を遮断するスケルチ(squelch)という機能を持たせています．

RDA5807にはスケルチ機能が付いていないので，これを組み込むこととします．RSSIの値で受信の有無を判断し，受信時にスケルチを開く，キャリア・スケルチという方法です．RSSIの閾値(しきい)に応じて，オペアンプの電源をON/OFFすることにしました．

● 回路構成

図AにQN8027の基本回路，図Bにブロック図を示します．ステレオの入力信号とRF出力，クロック入力の非常にシンプルな構成で，FMステレオ・トランスミッタを組むことができます．RDA5807とQN8027は，PICマイコンを使ってI²Cで制御します．

RDA5807のFMラジオに，QN8027のトランスミッタとマイク・アンプ，モノラル・イヤホンとコンデンサ・マイクが一体になったマイク付イヤホンを差すための4ピン・ミニ・ジャックJ₂

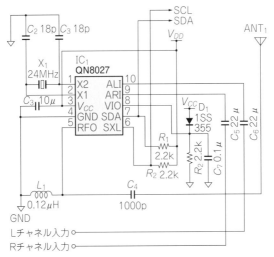

図A　QN8027の基本回路

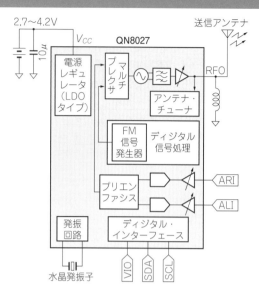

図B　QN8027のブロック構成

を追加しました.

FMラジオとしても使えるように, ラジオ/トランシーバのモード切り替えをスライド・スイッチSW₅で行うこととし, ラジオ・モード時は4ピン・ミニジャックJ₁からステレオで聴けるようにしました.

充電は, RDA5807のFMラジオと同様に, J₁からipod shuffle (第2世代)USB充電アダプタで行います.

● プログラム

PICに書き込むプログラムは, MPLABXIDEとXC8(Ver.1.45)で作成しました.

ポートRA4のSW₂でON/OFF(sleep)します.

ポートRA1のSW₄は, トランシーバ・モード時はPTTボタンとして機能し, 押している間だけ送信します. ラジオ・モード時

はチューニング・ボタンになります.

ポートRA$_5$, RA$_0$のSW$_1$, SW$_3$は音量UP, DOWNです.

ポートRC$_3$のSW$_5$はスライド・スイッチで, トランシーバ・モードとラジオ・モードの切り替えを行います.

J$_2$に接続するイヤホン・マイクは, 4番ピンがマイク出力とプッシュ・スイッチ兼用となっていて, 押している間GNDに接続されます. これをマイコンのRA$_3$に接続し, PTTとして機能するようにしました. ただし, SW$_4$のPTTとは違って, 押すたびに送信/受信が切り替わります. イヤホン・マイクは, 100円ショップ(ダイソー)で購入しました.

● **動作**

トランシーバ・モードの交信周波数は, プログラムで88.65MHzに設定しています.

本体側のPTTスイッチは押している間送信になり, イヤホン・マイクからの音声が送信されます. このとき, 送信された電波が自分側の受信機経由でイヤホンから聞こえるようにしました. これで送信電波のモニタができます. イヤホンでの運用なのでハウリングの心配はありません.

イヤホン・マイク側のPTTスイッチは, 一度押すと送信状態になり, 受信に戻すときはもう一度PTTスイッチを押します. 送信出力は微弱なので, 見通し数mの範囲しか届きません.

ラジオ・モードは, RDA5807のラジオと同じ仕様です. イヤホン・マイクでも聴けますが, J1にステレオ・イヤホンをつなげばステレオで再生できます.

本器の回路図, 部品表, 基板データ, プログラムはダウンロード・サービスで提供します. 詳細はp.252を参照してください.

〈肥後 信嗣〉

第1章

短波ラジオの感度をUP!

雑音の中から信号を拾い出す
3M～30MHzプリアンプ

短波帯の微弱な信号を受信するには，本格的なアンテナが必要です．しかし，設置場所の確保が大変なので，数mのリード線をアンテナとして使っている人も多いでしょう．そこで，受信用プリアンプを製作します．数mのリード線アンテナでも，今まで聞こえなかった信号が受信できるようになります．

■ 回路

● 入力インピーダンスは約50Ω

図1に短波帯プリアンプの回路ブロックを，**図2**に回路を示します．低雑音RF増幅用トランジスタ2SK125（ソニー）をプリアンプとして使う場合は，パラレル接続で使うのが定番です．

JFETをパラレル接続で動作させると，ゲインは増え，NFが下がり，入力インピーダンスが約50Ωになります．入力側のインピーダンスは約50Ωなので，変換する必要はありません．出力側のプリアンプの適正負荷は300～600Ωなので，広帯域トランスを使

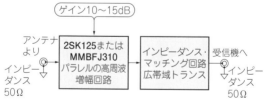

図1　本器の回路ブロック
3M～30MHzで10dB程度のゲインが得られる．JFETをパラレル接続するので入力インピーダンスは約50Ωになる

初出：『トランジスタ技術』2017年12月号

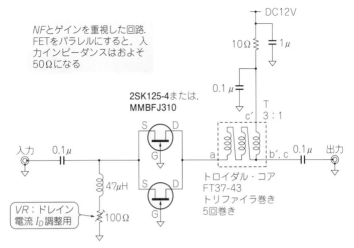

図2 本器の回路
2SK125をパラレル接続で使う. V_{DG} は12V, ドレイン電流 I_D は1つあたり20mA. 出力は
トロイダル・コアでトランスを作り, インピーダンスを50Ωに変換する

って50Ωにインピーダンス変換をします. 出力側のインピーダン
スを450Ωとすると, 50Ωに変換する場合は, インピーダンス比
9:1の広帯域トランスを使います.

試作したプリント基板は, 増幅用トランジスタのTO-92パッ
ケージの2SK125と表面実装部品で同等品のMMBFJ310(オン・
セミコンダクター)がどちらでも実装できるようにしています(**図
3**, **写真1**).

この基板のデータ(フリーのプリント基板CAD PCBE用)は,
ダウンロード・サービスで提供します. 詳細は, p. 252を参照し
てください.

■ 製作

● 出力側の広帯域トランスを作る

図4(a)のように, トロイダル・コアに3:1の比率で電線を巻く

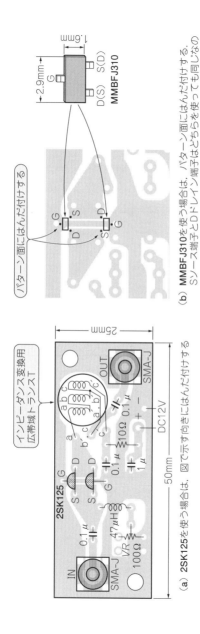

図3 製作用のプリント基板
基板裏側には写真3に示すMMBFJ310実装用パターンがある

(a) 2SK125を使う場合は,図で示す向きにはんだ付けする

インピーダンス変換用
広帯域トランス

SMA-J IN
0.1μ
47μH
VR 100Ω
10Ω
2SK125 G
S D
S D
0.1μ
0.1μ 0.1μ
1μ
10Ω
DC12V + −
SMA-J OUT
25mm
50mm

(b) MMBFJ310を使う場合は,パターン面にはんだ付けする.ソース端子とドレイン端子はどちらを使っても同じなので,このように配置できる

パターン面にはんだ付けする

G
D S
D S
G
S D
G

2.9mm
1.6mm
D(S)
G
S(D)
MMBFJ310

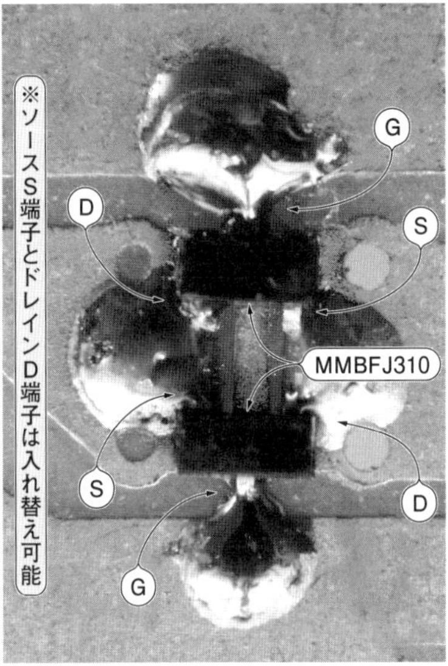
※ソースS端子とドレインD端子は入れ替え可能
G
D
S
MMBFJ310
S
D
G

写真1　MMBFJ310を試作基板に実装
表面実装部品なのでパターン面にはんだ付け

と，インピーダンスの比が9：1のトランスになります．本器では，トロイダル・コアFT-37＃43にポリウレタン線を3本一緒に巻いたトリファイラ巻きで広帯域トランスを作ります．

長さ120mm程度のϕ0.2～0.3mmポリウレタン線3本を用意し，それぞれの線の両端には，**図4(b)**で示すようにa-a′，b-b′，c-c′と油性マーカー・ペンなどで区別が付くようにマーキングします．

この線を，**図4(c)**のように3本まとめてねじります．ねじった3本のポリウレタン線を，**図4(d)**のようにトロイダル・コアに5回通します．

ポリウレタン線の端a′とb，b′とcをはんだ付けします．端子a，c′とc，c′が巻き数が比3：1となり，インピーダンスは9：1で変換できるトランスになります．

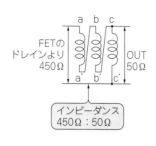

(a) 広帯域トランスを作る
トロイダル・コアに
3：1の比率でポリ
ウレタン線を巻く

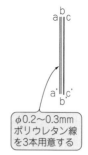

(b) a-a'，b-b'，c-c'の
組み合わせが区別で
きるようにマーキン
グする

(c) ポリウレタン線を
3本まとめてねじる

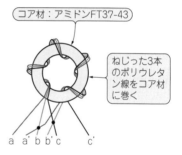

(d) ドーナツ型のコアの内側に
ポリウレタン線を5回通す

図4 プリアンプの出力をインピーダンス50Ωに変換する広帯域トランスを作る

トロイダル・コアFT-37 ＃43にポリウレタン線を3本一緒に巻いたトリファイラ巻きで広帯域トランスを作る

● プリント基板に部品をはんだ付けする

試作したプリント基板のサイズは，50×25mmです．**図3**を参考に，プリント・パターンに部品を実装します．2SK125の代わりにMMBFJ310を使う場合は，**写真1**のようにパターン面にJFETを乗せてはんだ付けします．JFETのドレイン（D端子）とソース（S端子）は，入れ替えが可能です．入出力端子は，SMA-Jコネク

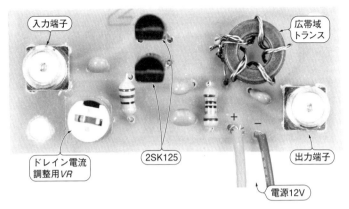

写真2　完成した短波帯プリアンプ
JFET をパラレル接続. 短波ラジオのゲイン不足を補える

タを使いました.

　写真2は完成した短波帯プリアンプです.

■ 低雑音高ダイナミックレンジのJFETを使用

　低雑音RF増幅用トランジスタ2SK125は, 高ダイナミック・レンジで雑音指数特性NF(Noise Figure)がよく, プリアンプに最適です. 製造中止品ですが, 現在でも流通在庫が入手できます.

　この2SK125のオリジナルは, U310/J310(オン・セミコンダクター)で, こちらは現在も製造が続けられています. どちらもほぼ同じ特性です. 今回は, このJ310の表面実装部品MMBFJ310か2SK125のどちらかを, パラレル接続で使える設計をしました. **写真3**に2SK125-4とMMBFJ310の外観を示します.

　表1に2SK125の電気的特性を示します. 順伝達アドミタンス$|Y_{fs}| = 14\,\mathrm{mS}$, ゲート接地の電力ゲイン$G_{pg} = 12.5\,\mathrm{dB}$のJFETです.

　図5に, 2SK125の電力ゲインG_{pg}-雑音指数NF-ドレイン電流I_D特性を示します. I_Dを25mA流しておくと電力ゲインG_{pg}は大

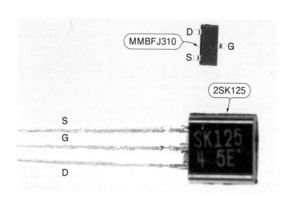

写真3　低雑音RF増幅用トランジスタ2SK125-4とほぼ同じ特性のMMBFJ310
2SK125-4はTO-92パッケージ，MMBFJ310はSMDパッケージ

表1　低雑音RF増幅用トランジスタ2SK125の電気的特性
広い周波数帯域でほぼ均一のゲインが得られるので，プリアンプによく使われる．許容損失は300mW．I_{DSS}のランクにより，2SK125-2〜2SK125-5に分別されている

項　目	記号	値	備　考
ドレイン-ゲート間電圧	V_{DGO}	35 V *	T_a＝25 ℃
ドレイン電流	I_D	100 mA *	T_a＝25 ℃
許容損失	P_D	300 mW *	T_a＝25 ℃
順方向伝達アドミタンス	$|Y_{fs}|$	14 mS	V_{DS}＝10 V，I_D＝10 mA，f＝1kHz
電力ゲイン	G_{pg}	12.5 dB	V_{DS}＝10 V，I_D＝10 mA，f＝100 MHz

＊絶対最大定格

きく，雑音指数NFは小さくなりますが，I_D＝25mAでV_{DS}＝10V
とすると JFET の損失P_Dは250mWです．2SK125の最大許容損
失が300mW（25 ℃）なので許容損失ぎりぎりで発熱が気になるの
で，ドレイン電流を少し抑えてI_D＝20mAにし，JFET 1本あた
りの許容損失P_Dを200mWにしました（パラレル接続で使うので
ドレイン電流I_Dの合計は40mA）．

　図5の特性から，NFは1.4dB（I_D＝20mA，f＝100MHzのとき）

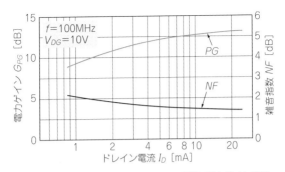

図5 雑音指数とドレイン電流のドレイン電流-電力ゲイン特性
ドレイン電流I_Dを25mA流すと電力ゲインG_{pg}が増え雑音指数NFが小さくなるが，最大許容損失P_Dが300mWとぎりぎりになるのでドレイン電流を20mAに抑えて動作させることにした

なので，短波帯プリアンプに適した素子と言えます.

■ 評価と調整

● ドレイン電流I_Dを調整してJFETの損失P_Dを200mWにする

パラレル接続のJFETに流れる電流Iを，JFETのソース側にある100ΩのVRで40mAに調整します. このとき，電源側の10Ωの抵抗と，100ΩのVRの電圧降下によってV_{DS}は約10Vになり，JFET1本あたりの損失P_Dは200mWになります.

ドレイン電流が少ないと本来の性能が出ず，低いゲインしか得られません. ドレイン電流を増やすとゲインは増えますが，JFETの許容損失P_Dを超えてしまい，JFET自体の発熱でデバイスを壊してしまう恐れがあります.

● 入出力特性

図6は，2SK125を使い，回路電流$I = 40$mA，$f = 10$MHzのときの入出力特性です. 入力電力$P_{in} = 0$dBmのとき出力電力$P_{out} = 10.5$dBmなので，電力ゲインG_Pは次のように計算できます.

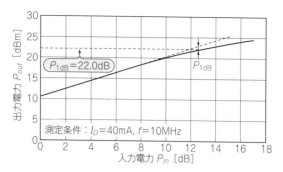

図6 完成したプリアンプの入出力特性（2SK125使用時，$I =$ 40mA，$f = 10$MHz）
入力電力P_{in}＝0dBmのとき出力電力P_{out}＝10.5dBmなので電力ゲイン G_Pは10.5dB

$$G_P = P_{out} - P_{in} = 10.5 - 0 = 10.5\,\text{dB} \cdots\cdots\cdots\cdots\cdots\cdots\cdots (1)$$

式(1)の計算から，電力ゲインG_Pは10.5dBになります．

回路電流Iを半分の20mA（JFET 1つあたり10mA）にした場合，入力電力P_{in}＝0dBmのとき，出力電力P_{out}＝9.5dBmになりました．

$$G_P = P_{out} - P_{in} = 9.5 - 0 = 9.5\,\text{dB} \cdots\cdots\cdots\cdots\cdots\cdots\cdots (2)$$

式(2)の計算から，電力ゲインG_P＝9.5dBになりました．

JFETをMMBFJ310に変更すると，電力ゲインは9.6dBとなり，2SK125より0.9dB低い値になりました．

P_{1dB}は，P_{in}＝12.5dBm のとき P_{out}＝22dBm なので，P_{1dB} は22.0dBmです．

一例として，特性がリニアな領域のP_{in}＝5dBm，P_{out}＝15.5dBmを電力表示にすると，P_{in}≒3.28mWでP_{out}≒35.5mWです．

この結果から，この回路は出力が数十mWの送信用アンプとしても活用できそうです．

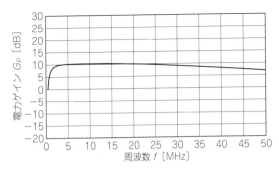

図7 周波数3.5 M〜50 MHzの電力ゲイン G_P 特性
周波数の下端ではゲインは低いものの目的の周波数では十分なゲインがある

● 周波数特性を測定する

図7は，周波数3.5 M〜50 MHzの電力ゲイン G_P 特性です．3.5 M〜25 MHzで，電力ゲインGPが約10 dB得られています．当初の目的だった短波帯のプリアンプとして十分使えます．

<鈴木 憲次>

◆引用文献◆

・2SK125データシート，ソニー．
・MMBFJ310データシート，オン・セミコンダクター．

コラム　RFアンプの無ひずみ最大出力を表す「P_{1dB}」

　増幅回路の入出力信号特性は**図A**のようになり，小信号のとき
は入出力は比例します．しかし，大信号になると比例しなくなり
出力信号はひずみます．

　RFアンプのリニア領域と飽和領域を分けるポイントをP_{1dB}
（1dB圧縮ポイント：1dB compression point）とし，理想的な比例
直線と実際の増幅回路の特性との差が1dBになる値で表します．

＜鈴木　憲次＞

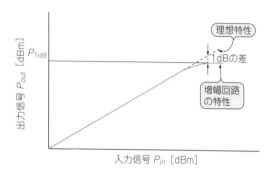

図A　P_{1dB}とは
増幅回路の最大信号出力レベルをP_{1dB}で表し，理想特性との差が
1dBになったときの値とする

第2章

AM/SW/FM/地デジもカバー

1M～1.2GHz対応
広帯域RFプリアンプの製作

　レシーバの感度不足を感じたときに追加する，1M～1.2GHzに対応する広帯域RFプリアンプを製作します．

　帯域が広いので，不要な周波数の信号を減衰するフィルタ回路も紹介します．

■ プリアンプの概要

● GALI-74＋

　本器は，最大ゲインとNFにポイントを置き，周波数帯域がDC～1GHzに対応する広帯域RF増幅用ワンチップIC GALI-74＋（ミニサーキット）を使って製作します．

　GALI-74＋のゲインは，100MHzで25.1dB，1GHzで21.8dBです．出力は100MHzで19.2dBm（＠1dB compression point），1GHzで18.3dBmです．NFは2.7dBなので，ゲインと出力レベルが大きく，低ノイズのアンプです．

　なお，出力レベルが19.2dBは電力では83.2mWなので，数10mWの送信回路にも使えます．GALI-74＋の外観を写真1に，表1に特性を示します．

● 入出力の結合コンデンサと電源のバイパス・コンデンサ

　図1に示すのは，本器の回路です．入出力の結合コンデンサと電源のバイパス・コンデンサ（100pFと0.01μF）は，容量の違うコンデンサを組み合わせて，広帯域の周波数に対応させます．

初出：『トランジスタ技術』2017年12月号

表1　広帯域RF増幅用IC GALI-74＋の特性

| 型番 | メーカ名 | 周波数帯域 [GHz] | ゲイン−周波数 | | 出力 [dBm] | NF [dB] | ドレイン電圧 V_D [V] | ドレイン電流 I_D [mA] |
			周波数 [GHz]	ゲイン [dB]				
GALI-74＋	ミニサーキット	DC〜1	0.1	25.1	19.2	2.7	4.8	80
			1	21.8	18.3			
			2	18	−			

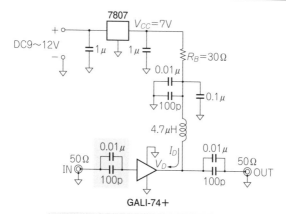

広帯域RF増幅用IC GALI-74＋を使用した場合

$$R_B = \frac{V_{CC} - V_D}{I_D} = \frac{7 - 4.8}{80 \times 10^{-3}} = 27.5\,\Omega$$

なので，$R_B = 30\,\Omega$ とする

図1　周波数帯域1M〜1.2GHzの広帯域プリアンプの回路

写真1　広帯域RF増幅用IC GALI-74＋

GALI-74＋は出力レベルが18dBm以上あるので，数十mWの送信回路にも使える

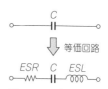

図2　コンデンサの等価回路

コンデンサには容量ではなく抵抗分の *ESR* とインダクタンス分の *ESL* がある

コンデンサには，抵抗RとインダクタンスLの成分が存在し，その等価回路は**図2**のように表せます．**図3**は，コンデンサの周波数に対するインピーダンス特性です．

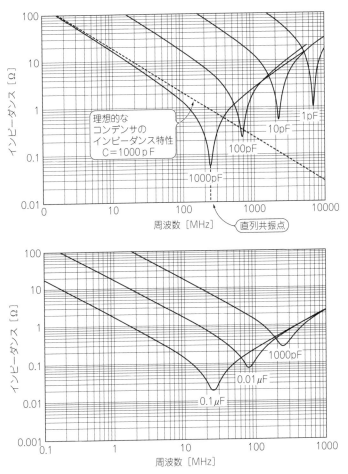

図3　コンデンサのインピーダンス特性
コンデンサを組み合わせて使う

図3の特性から，コンデンサには直列共振点があり，直列共振点より低い周波数ではコンデンサとして動作し，直列共振点ではESR（Equivalent Series Resistance：等価直列抵抗）の値になります．直列共振点を超えた周波数ではLの特性になり，もはやコンデンサとしての働きをしません．

　直列共振点は，**図3**のようにコンデンサの容量や形状により違った周波数になるので，容量の違うコンデンサを組み合わせることで，広帯域の周波数に対応させます．

● バイアス抵抗R_Bを求める

　回路電圧を7Vとします．広帯域RF増幅用IC GALI-74＋の適正電圧は$V_D = 4.8$Vなので，バイアス抵抗R_Bで電圧を2.2V下げます．バイアス抵抗R_Bの値は，ドレイン電流$I_D = 80$mAなので，次のように計算できます．

$$R_B = \frac{V_{CC} - V_D}{I_D} = \frac{7 - 4.8}{80 \times 10^{-3}} = 27.5\,\Omega \cdots\cdots\cdots\cdots\cdots\cdots (1)$$

　式(1)より，バイアス抵抗RB＝30Ωにします．念のためにバイアス抵抗R_Bの消費電力P_Bを求めます．

$$P_B = R_B I_D^2 = 30 \times 0.08^2 \fallingdotseq 0.19\,\text{W} \cdots\cdots\cdots\cdots\cdots\cdots\cdots\cdots (2)$$

　実際に流れるGALI-74＋のドレイン電流I_Dは80mA以下なので，バイアス抵抗R_Bは1/4W型で間に合います．

● HPF/LPFで目的外の信号を取り除く

　本器は，広い周波数範囲の信号を増幅します．そのため，目的の信号以外の強力な信号がある場合，プリアンプは飽和して本来の性能を出せません．

　例えば，目的の信号を地上波デジタル放送とすれば，それより

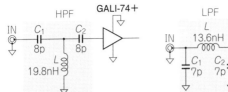
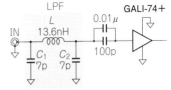

f_C=350MHzのHPF
L＝巻き数3回，直径4mm，長さ5mm

（a）入力側にチェビシェフ型HPFを入れた回路

f_C=640MHzのLPF
L＝巻き数2回，直径3mm，長さ3mm

（b）入力側にチェビシェフ型LPFを入れた回路

図4　チェビシェフ型HPF（Hight-Pass Filter）**とLPF**（Low-Pass Filter）
チェビシェフ・フィルタはロールオフ特性が急峻なので減衰量が大きい．欠点は通過帯域にリプルが発生すること

低い周波数のFM放送（76M～90MHz）の信号をHPF（ハイパス・フィルタ）でカットする必要があります．携帯電話の700MHz帯プラチナ・バンドの影響があるなら，LPF（ローパス・フィルタ）を挿入し，目的の信号より高い周波数にある信号をカットします．

　図4（a）は，広帯域プリアンプの入力側にHPFを入れた回路です．地上波デジタル放送の増幅を目的とした場合，最低周波数は470MHzで，それより低い周波数のFM放送の電波を減衰させるためには，カットオフ周波数f_Cを350MHz，周波数200MHzでの減衰量を–10dB，パスバンド・リプルが0.1dBのT型フィルタの挿入が効果的です．C_1とC_2は8pF，Lは直径4mm，長さ5mmの空芯ソレノイド・コイル巻き数3回の19.8nHとしました．

　図4（b）は，入力側にLPFを挿入した回路です．地上波デジタル放送の40チャネルの638MHzまでを通過帯域とします．携帯電話のプラチナ・バンド（700MHz帯）の電波を減衰させるなら，カットオフ周波数f_Cは640MHz，周波数870MHzの減衰量を–10dB，パスバンド・リプルが0.5dBのπ型フィルタとします．C_1とC_2は7pF，Lは巻き数2回，直径3mm，長さ3mmの空芯ソレノイド・コイル13.6nHとしました．

■ 製作

　プリント基板は，プリント基板エディタPCBEで作ったデータを元に，業者に製作を依頼しました．この基板データは，ダウンロード・サービスで提供します．詳細はp. 252を参照してください．

● プリント・パターン面に実装する

　部品は**図5**で示すように，プリント・パターン面にはんだ付けします．回路のインダクタンス成分が小さくなるように，プリント・パターンの信号ラインとアース・ラインを広く取りました．

　信号経路にあたるコンデンサは，3216サイズ（3.2×1.6mm）のチップ・コンデンサを使用しました．扱う周波数は1.2GHzまでなので，リード・タイプのセラミック・コンデンサでも代用できます．ただし，リード線は極力短くなるようにして，はんだ付けします．

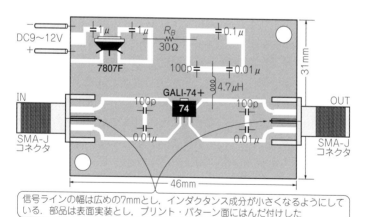

信号ラインの幅は広めの7mmとし，インダクタンス成分が小さくなるようにしている．部品は表面実装とし，プリント・パターン面にはんだ付けした

図5　広帯域プリアンプの部品取り付け図
プリント・パターン面に部品をはんだ付けする

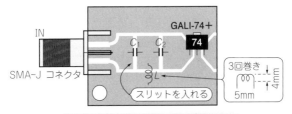

$C_1 \cdot C_2$：8pFまたは4pF＋4pFの並列接続

(a) 入力側にHPFを入れる場合の部品配置

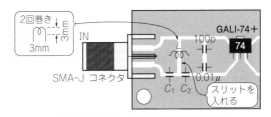

$C_1 \cdot C_2$：7pFまたは3pF＋4pFの並列接続

(b) 入力側にLPFを入れる場合の部品配置

図6 HPFまたはLPFの取り付け方
プリアンプが飽和する場合の対策として，入力側にHPFかLPFを入れられるように，カッター・ナイフで基板を削ってスリットを入れる

図6(a)は入力側をHPFとした部品取り付け図，図6(b)はLPFとした場合の部品取り付け図です.

写真2は，完成した広帯域RFプリアンプです.

■ 特性測定

●ゲインは22〜18dB

図7(a)は，本器の特性です. 100MHzのゲインは22dBで，1GHzのゲインは18dBです. 1GHz以上の周波数では，回路の浮遊容量やインダクタンス分などの影響により，バンド内に2dB程度のリプルが発生しています.

図7(b)は，本器の1M〜20MHzの特性です. 1MHzのゲインは

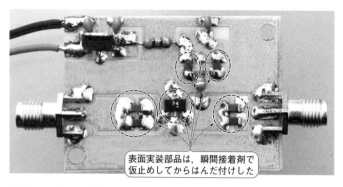

写真2 完成した広帯域RFプリアンプ
基板サイズは 46×31 mm

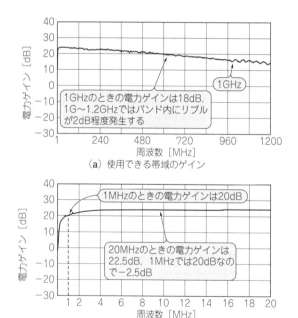

1GHzのときの電力ゲインは18dB. 1G〜1.2GHzではバンド内にリプルが2dB程度発生する

（a）使用できる帯域のゲイン

1MHzのときの電力ゲインは20dB

20MHzのときの電力ゲインは22.5dB. 1MHzでは20dBなので−2.5dB

（b）図5（a）の1M〜20MHzを拡大

図7 完成した広帯域プリアンプの特性
1M〜1.2GHzまで22〜18dBのゲインが得られた

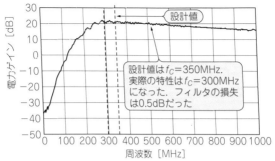

（a）入力側にHPFを入れたときの周波数特性

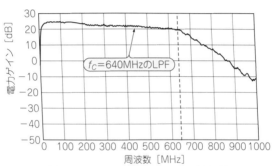

（b）入力側にLPFを入れたときの周波数特性

図8　HPFとLPFの周波数特性例
必要に応じてプリアンプの入力にフィルタを入れる．他の周波数のフィルタ設計方法はコラムを参照

20 dBだったので，10 MHzに比べて2 dB低下しています．低域の周波数特性は，結合コンデンサ0.01 μFで決まります．例えば，0.01 μFを0.047 μFに変更すれば，低域側の周波数は数百kHzまで広がります．

● HPFとLPFの特性

図8(a)は，カットオフ周波数350 MHzとして製作したチェビシェフ型HPFの特性です．実測した周波数特性を見ると，カット

オフ周波数は300MHzになっています．カットオフ周波数を350MHzに修正するには，スペアナで測定しながら，C_1，C_2の8pFを小さく，コイルの長さ5mmを短く変更します．

図8(b)は，入力側をカットオフ周波数640MHzとして製作し

コラム　フリーで使えるHPF/LPFの設計ツール

RF Design Noteの小宮浩さんがインターネット上で公開している「高周波回路設計用の各種計算ツール」(http://gate.ruru.

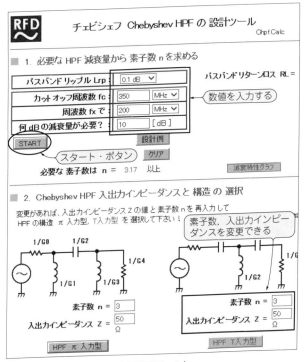

図A 「高周波回路設計用の各種計算ツール」

たチェビシェフ型LPFの特性です．高域での減衰は，設計値以上になりました．　　　　　　　　　　　　　　　　　　　　　＜鈴木　憲次＞

◆参考文献◆

・GAL1-74＋データシート，ミニサーキット．

ne.jp/rfdn/Tools/RFtools.htm）は，記事で紹介した周波数以外のHPFやLPFを設計するときに活用できます．Webブラウザから条件を入力できて，すぐに計算結果が表示されます．とても便利なので，興味ある方はぜひ使ってみてください．

　例として，チェビシェフHPFの設計方法を簡単に紹介します．**図A**のようにフィルタの条件を入力し，［START］ボタンを押すとπ型とT型の選択画面が表示されます．今回作ったHPFはT型なので，［HPF T入力型］ボタンををクリックすると，**図B**のようにT型HPFの回路図とC, LおよびZの値が表示されます．また，「ソレノイド・コイルの設計」ツールにより，Lの形状を求めることができます．　　　　　　　　　　　　　　＜鈴木　憲次＞

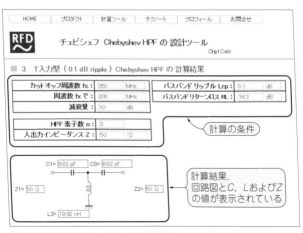

図B　HPF（High-Pass Filter)の計算例

第1章

室内限定の放送局を作ろう

AMラジオで受信&再生！
ワイヤレス・マイク

　中波帯のAMラジオで受信できる，中波帯ワイヤレス・マイクを製作します．電波法に触れない範囲の微弱電波で送信するので，電波の到達エリアは約10mです．室内や自宅の庭程度の範囲なら，電波を飛ばして楽しめます．

■ 電波に音声を乗せる仕組み

● 搬送波を作り高周波増幅回路で変調をかける

　図1に，中波帯ワイヤレス・マイクの回路ブロックを，図2に回路を示します．

　トランジスタ2SC2787を使った発振回路で搬送波 f_C を作り，高周波増幅回路で変調と搬送波の増幅を行います．このとき，音声

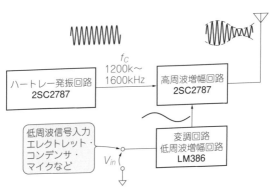

図1　中波帯ワイヤレス・マイクの回路ブロック
中波放送帯に微弱電波を送信する．エレクトレット・コンデンサ・マイクで拾った音やミュージック・プレーヤの音楽を電波で送ることができる

初出：『トランジスタ技術』2017年12月号

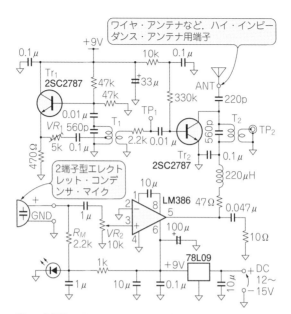

図2　中波帯ワイヤレス・マイクの回路
エレクトレット・コンデンサ・マイクの代わりにMP3プレーヤなどの外部入力機器をつなぐ場合はマイクの負荷抵抗R_Mを外す

信号を低周波増幅用ICのLM386で増幅した後に，高周波増幅回路に供給して搬送波f_Cに変調をかけます．

これを，コレクタ直接変調と呼びます．シンプルな回路が特徴です．

ここで注意点です．高周波増幅回路のコレクタ側の負荷は，LC共振回路です．LC共振回路のコイルLによって誘導起電力が発生することにより，トランジスタのコレクタには電源電圧V_{CC}の2倍の電圧が加わります．この中波帯ワイヤレス・マイク回路の電源電圧V_{CC}は9Vなので，およそ18Vの電圧が加わることになります．高周波増幅回路のトランジスタには，V_{CEO}がそれ以上の電圧であるものを使う必要があります．2SC2787のV_{CEO}は30V

213

表1　2SC2787の最大定格
主な用途はAM/FMラジオ，ミキサ，コンバータ，局部発振回路など

項　目	略号	定格	単位
コレクター・ベース間電圧	V_{CBO}	50	V
コレクター・エミッタ間電圧	V_{CEO}	30	V
エミッター・ベース間電圧	V_{EBO}	5.0	V
コレクタ電流	I_C	30	mA
全損失	P_T	250	mW
ジャンクション温度	T_j	150	℃

$(T_A = 25℃)$

で，$V_{CEO} > 2V_{CC}$の範囲に収まっています．**表1**に2SC2787の最大定格を示します．

■ 製作と調整

● プリント基板で作る

図3は，試作プリント基板を使った中波帯ワイヤレス・マイクの部品配置です．**写真1**は，完成した基板です．高さの低い部品からはんだ付けしていくと，作業しやすいでしょう．

試作プリント基板は，プリント基板エディタPCBE（フリー・ソフトウェア）で作ったデータで，業者に製作を依頼しました．PCBEで作った試作基板のデータは，ダウンロード・サービスで提供します．詳細は，p. 252を参照してください．

● 発振回路を安定動作させる

半固定抵抗VR_1（5kΩ）で帰還量を調整し，ひずみの少ない安定な発振動作にします．

TP_1にオシロスコープを接続し，VR_1を左に回して抵抗値を大きくしていくと，帰還量が少なくなって発振が停止します．

次に，VR_1をゆっくり右に回して抵抗値を小さくしていくと，**図4(a)**のように発振を開始します．これは，発振のゲイン条件が

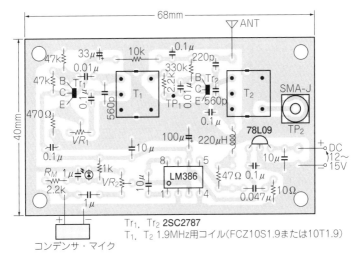

図3　中波帯ワイヤレス・マイクの部品配置

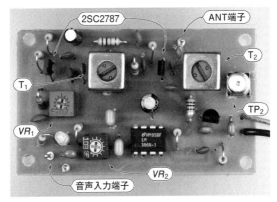

写真1　プリント基板に部品を実装したところ
写真にはTP1が写っていないが0.01 μFと2.2 kΩの間にある

成立したことを意味します．さらにVR_1を右に回していくと帰還量が大きくなりすぎて，**図4(b)**のように振幅が不安定な状態になります．

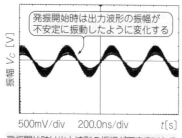

発振開始時は出力波形の振幅が不安定に振動したように変化する

振幅 V_C [V]

500mV/div　200.0ns/div　　　t[s]

発振開始時は出力波形の振幅が不安定になる

（a）発振開始時

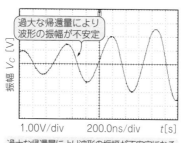

過大な帰還量により波形の振幅が不安定

振幅 V_C [V]

1.00V/div　200.0ns/div　　t[s]

過大な帰還量により波形の振幅が不安定になる

（b）帰還量が過大な場合

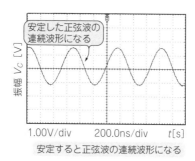

安定した正弦波の連続波形になる

振幅 V_C [V]

1.00V/div　200.0ns/div　　t[s]

安定すると正弦波の連続波形になる

（c）帰還量が適正な場合

図4　帰還量を調整して発振回路の動作を安定させる

VR_1の設定は，**図4(c)**のように発振が不安定になるポイントからVR_1を少し左に戻したところにセットします．このときのTP$_1$の出力電圧は930mVでした．

● 発振周波数の調整

TP$_1$に周波数カウンタを接続して，送信周波数を調整します．T_1のコアを右に回してコアをケースの奥に入れるとインダクタンスLが大きくなり，発振周波数は低くなります．逆に左へ回してコアを上げ，出るようにすると，発振周波数は高くなります．

コアによる発振周波数の調整範囲は，1200k～1600kHzです．放送局のある周波数から離れるように調整します．

● 高周波増幅回路の共振点を調整

TP$_2$にオシロスコープを接続し，T_2のコアを回して波形が最大になるように調整します．

高周波増幅回路が異常発振するときには，**図5(a)**のように，コレクタと共振回路の間に数十Ωの直列抵抗R_Sを入れたり，**図5(b)**のように共振回路に数10kΩの並列抵抗R_Pを接続したりします．

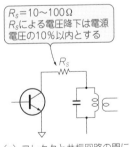

(a) コレクタと共振回路の間に数十Ωの直列抵抗R_Sを入れる

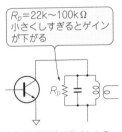

(b) 共振回路に数十kΩの並列抵抗R_Pを接続する

図5　高周波増幅回路の異常発振対策
どちらも異常発振は収まるが，出力信号レベルが少し小さくなる

■ 変調率と周波数安定度

● 変調率mを波形から求める

変調率 m ［％］は，式(1)で求められます．

$$m = \frac{\text{信号波の振幅}}{\text{搬送波の振幅}} \times 100 = \frac{a-b}{a+b} \times 100 \quad\cdots\cdots\cdots\cdots\cdots\cdots (1)$$

図6の波形は，信号波の周波数が1000 Hzときの AM 変調波の波形です．**図6(a)** の変調波から，振幅のピークピークの最大値 a と最小値 b を読み取り，変調率 m を求めます．

$$m = \frac{a-b}{a+b} \times 100 = \frac{3.6-2.6}{3.6+2.8} \times 100 = 12.5\,\% \quad\cdots\cdots\cdots\cdots (2)$$

同じく**図6(b)** のように，信号波を大きくして変調を深くしたときの変調率 m_a を求めてみます．

$$m_a = \frac{a-b}{a+b} \times 100 = \frac{4-1.9}{4+1.9} \times 100 \fallingdotseq 36\,\% \quad\cdots\cdots\cdots\cdots (3)$$

図6(c) は，さらに変調を深くして $m \fallingdotseq 80\,\%$ のときの変調波形です．このあたりから，変調波の最大値がクリップしかかったひずんだ波形になります．この測定結果から，この中波帯ワイヤレス・マイクの最大変調率は，80 ％程度ということがわかりました．

● 周波数安定度

経過時間と発振周波数変動の関係を**図7**に示します．電源ONから最初の5分間で810 Hz 高くなりましたが，その後10分経過後の周波数変動は数10 Hz です．アイドリング時間を10分間取ることで，周波数安定度の良い発振回路として使えるようです．

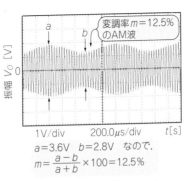

$a=3.6V$　$b=2.8V$　なので，

$$m=\frac{a-b}{a+b}\times100=12.5\%$$

（a）変調率$m=12.5\%$のAM波

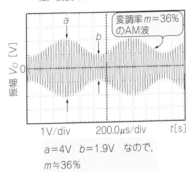

$a=4V$　$b=1.9V$　なので，

$m\fallingdotseq36\%$

（b）変調率$m\fallingdotseq36\%$のAM波

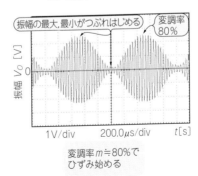

変調率$m\fallingdotseq80\%$で
ひずみ始める

（c）変調率$m\fallingdotseq80\%$のAM波

図6　本器の変調率と波形

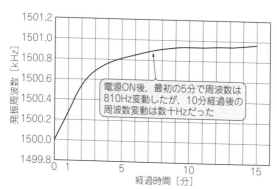

図7 本器の周波数安定度
時間の経過とともに安定してくる

● 使用感と受信エリアの拡大

ANT端子に数mの絶縁電線をつないで，電波を発射してみました．同じ部屋の中なら，AMラジオで十分受信できます．

法律上，送信出力を大きくできないので，受信エリアを広げたい場合は，受信側のアンテナを工夫したり，AMラジオの感度を上げたりして対応してください．　　　　　　　＜鈴木 憲次＞

◆参考文献◆
・FCZコイルデータ，FCZ研究所.

第2章

マイクもMP3プレーヤもつながる

高S/N＆到達10m！ FM放送帯トランスミッタ

　エレクトレット・コンデンサ・マイクの音声や外部入力端子からのオーディオ信号を，FMラジオに飛ばせるトランスミッタを製作します．FM中間周波数の信号も出力できるので，FM受信機の調整にも使用できます．

　電波法に触れない範囲の微弱電波で送信するため，到達エリアは10m程度です．室内や自宅敷地内くらいの範囲で電波を飛ばして楽しめます．

■ 製作するトランスミッタの概要

● 周波数可変発振回路　VCO (Voltage-Controlled Oscillator)

　FM放送帯トランスミッタは，FM放送局の周波数を避けて電波を出せるように，VCOで送信周波数を変更できるようにしています．本器では，可変できる10.2M～11.2MHzの信号に75MHz固定の信号を混合して，85.2M～86.2MHzの信号を作ります．

　よく使われるコルピッツ発振回路は，発振周波数を変化させにくいので，コルピッツ発振回路を変形したクラップ発振回路を使います．

　図1(a)は，基本になるコルピッツ発振回路の原理図です．トランジスタ増幅回路で位相差が180°，直列接続した帰還用コンデンサ C_{BE} と C_{CE} で位相差が180°，つまり帰還電圧が360°になり発振します．

初出：『トランジスタ技術』2017年12月号

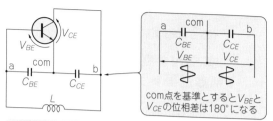

入力電圧V_{BE}と出力電圧V_{CE}の位相差は180°である. 帰還回路のコンデンサC_{BE}とC_{CE}で位相差が180°になるので, 入力電圧と帰還電圧は360°の同相になり発振する.

発振周波数は, $f=\dfrac{1}{2\pi\sqrt{LC}}$ [Hz] となる.

発振周波数を変えるときはC_{BE}とC_{CE}を連動させる

(a) コルピッツ型

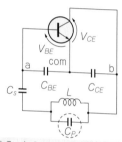

帰還回路はC_{BE}とC_{CE}で, 発振周波数は合成容量CとLで決まる. C_Pにより発振周波数を変えることができる. 合成容量Cは, 次の式で求められる

$$C=C_P+\dfrac{1}{\dfrac{1}{C_S}+\dfrac{1}{C_{BE}}+\dfrac{1}{C_{CE}}}$$

(b) クラップ発振回路

図1 コルピッツ発振回路の原理図

発振周波数f [Hz] は,

$$f=\frac{1}{2\pi\sqrt{LC}} \quad\cdots\cdots\cdots\cdots\cdots\cdots\cdots\cdots\cdots\cdots\cdots\cdots\cdots\cdots\cdots\cdots (1)$$

で求められます. このときのCは, C_{BE}とC_{CE}の直列接続の合成

容量なので，

$$C = \frac{C_{BE} \times C_{CE}}{C_{BE} + C_{CE}} \quad\cdots\cdots\cdots\cdots\cdots\cdots\cdots\cdots\cdots\cdots\cdots\cdots\cdots (2)$$

という関係が成り立ち，C_{BE}とC_{CE}の容量比が発振回路の帰還量に影響します．このため，コルピッツ発振回路の周波数を変化させるには，C_{BE}とC_{CE}の値を同時に変化させる必要があります．この点を改良したのが，**図1(b)**に示すクラップ発振回路です．

帰還回路は，コルピッツ発振回路と同じように，コンデンサC_{BE}とC_{CE}で位相差は180°ですが，発振周波数fはC_{BE}，C_{CE}，C_SとC_pの合成容量とコイルのインダクタンスLで決まります．つまり，C_pの値を変化させるだけで発振周波数を変えられます．

● FMフロントエンド用IC TA7358APG

このFM放送帯トランスミッタ回路の心臓部は，FMフロントエンド用ICのTA7358（東芝）です（**写真1**）．製造中止品ですが，インターネット通販で流通在庫が入手可能です．鉛フリー化（RoHS指令）対応などの違いで，TA7358P，TA7358AP，TA7358APGが存在しますが，電気的特性は同じです．

表1は，TA7358APGの電気的仕様です．動作電圧は1.6～6Vです．**図2**はTA7358APGの内部ブロック図と周辺回路で，RFア

**写真1　FMフロントエンド用ICの
TA7358APG**
内部に，RFアンプ（高周波増幅回路），局部
発振回路，ミキサ（混合回路）がある

表1　FM フロントエンド用 IC TA7358 の電気的仕様

項　目	条　件	値
電源電圧	最大値	8 V
消費電力	最大値	500 mW
動作電流	V_{CC} = 3V	5.2 mA
局部発振電圧	OSC MON.（ピン7）電圧	165 mV

ンプ（高周波増幅回路），局部発振回路，ミキサ（混合回路）で構成されています．

　TA7358APG 内部の RF アンプを 3 次オーバートーン水晶発振回路に応用して 75 MHz の電波を作ります．内部の局部発振回路をクラップ発振回路にして VCO を作り，10.2 M〜11.2 MHz を発振させます．この 2 つの電波を TA7358APG 内のミキサ回路で混合して，85.2 M〜86.2 MHz の電波を作ります．

● クラップ発振回路で 10.2 M〜11.2 MHz の信号を作る

　図 3 のように，TA7358APG の局部発振回路を利用して，10.2 M〜11.2 MHz の VCO とします．TA7358APG は帰還用コンデンサを内蔵していますが，小容量（60 MHz 以上の発振用）なので，外部に C_{BE}, C_{CE} の役目をするコンデンサとして，それぞれ 100 pF を接続します．

　10 kΩ の VR でバリキャップ 1SV101 の制御電圧を 0〜5V に変化させると，発振周波数は 10.2 M〜11.2 MHz になります．コイル T_1 は 10.7 MHz の IFT（Intermediate Frequency Tranceformer）で，2 次側からの信号を RF 増幅用トランジスタ 2SC2668 のバッファ・アンプで増幅して，出力信号とします．

● 3 次オーバートーン発振回路で 75 MHz の信号を作る

　水晶発振回路の発振周波数は，水晶振動子の厚さで決まります．高い周波数ほど，水晶振動子は薄く製造し難しくなります．最近

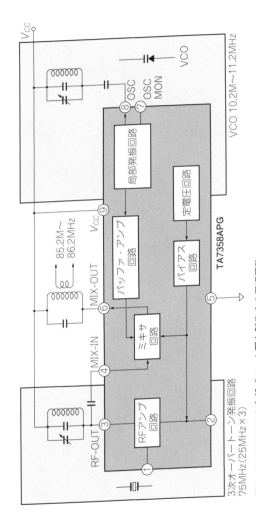

図2 TA7358APGの内部ブロック図と製作する周辺回路
TA7358APGはRFアンプ(高周波増幅)回路,局部発振回路,ミキサ(混合)回路で構成されている

VCO 10.2M～11.2MHz

VCO

VCC

局部発振回路

OSC 8 OSC MON 7

TA7358APG

定電圧回路

バッファ・アンプ 回路

9 VCC

85.2M～86.2MHz

MIX-OUT

バイアス回路

5

ミキサ回路

6 MIX-IN 4

RFアンプ回路

定電圧回路

2

3 RF-OUT

3次オーバートーン発振回路
75MHz(25MHz×3)

1

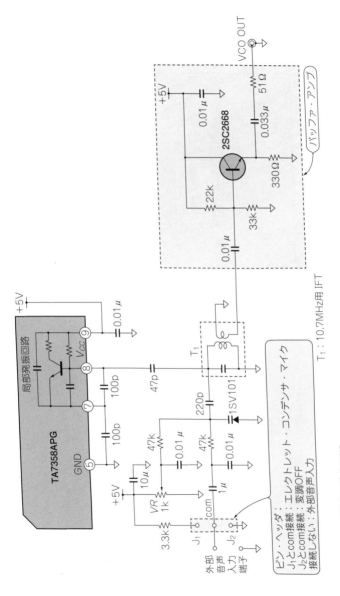

図3 クラップ発振回路のVCO
TA7358APGの局部発振回路を利用して10.2M～11.2MHzの範囲で発振を可変できるようにした

局部発振回路

2SC2668

バッファ・アンプ

VCO OUT

+5V
0.01μ
51Ω
0.033μ
330Ω
22k
33k
0.01μ

TA7358APG

GND

0.01μ

100p
100p
47p
220p
1SV101
T₁

47k
47k
0.01μ
0.01μ
1μ

VR
1k
10μ
+5V
3.3k
com
J₁ J₂

外部
音声
入力
端子

T₁：10.7MHz用 IFT

ピン・ヘッダ
J₁とcom接続：エレクトレット・コンデンサ・マイク
J₂とcom接続：変調OFF
接続しない：外部音声入力

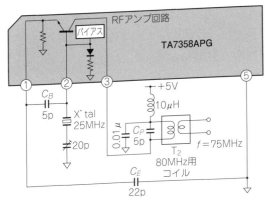

図4　3次オーバートーン発振回路
TA7358APG内のRFアンプを応用したオーバートーン発振回路で
75MHzの信号を作る

は数百MHzの水晶振動子の製造も可能ですが，入手しにくいの
で低い周波数の水晶振動子を逓倍して目的の周波数信号を作りま
す．

　水晶振動子の基本波25MHz出力を，3次オーバートーン発振
回路で75MHzにアップします．

　オーバートーン発振回路は，**図4**に示したようにTA7358APG
内のRFアンプ回路を利用します．出力側は，80MHz用コイルT_2
とコンデンサ$C_p = 5$ pFによる並列共振回路です．

　VCOの出力を接続したRF増幅用トランジスタ2SC2668によ
るバッファ・アンプは，負荷が発振回路に影響を与えないように
する役目もあります．

　VCOにコンデンサ・マイクを接続してFM変調します．

● 2つの発振回路の信号を混合する

　クラップ発振回路で作った10.2 M〜11.2 MHzの電波と，3次オ
ーバートーン発振回路で作った75MHzの電波をTA7358内のミ

キサ回路で混合して，85.2M～86.2MHzの電波を作ります．

ミキサで，VCOの信号f_{IF}と水晶発振回路の信号f_Xを乗算します．出力信号の周波数f_{FM}は，

$$f_{FM} = f_x \pm f_{IF}$$

となりますが，和の信号だけを取り出して，

$$f_{FM} = f_x + f_{IF} = 75 + 10.2 = 85.2\,\text{MHz}$$

とします．

ここで，f_{IF}をVCOの周波数の下限で計算したので，上限の周波数を11.2MHzとすると，f_{FM}の周波数範囲は85.2M～86.2MHzになります．

● FM放送帯トランスミッタの回路図

図5にブロック図を，図6に回路図を示します．TA7358APGの内部回路を利用することにより，外部の部品を少なくできました．

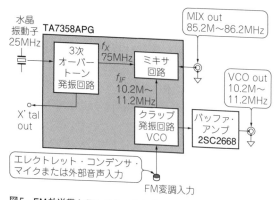

図5　FM放送帯トランスミッタのブロック図
VCOの信号と水晶発振回路の信号を混合してFM放送帯の周波数を作る．
10.2M～11.2MHzの簡易SG（Signal Generator）としても利用可能

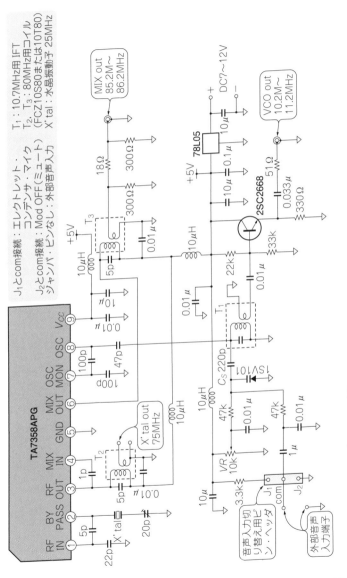

図6 FM放送帯トランスミッタの回路図

J_1とcom接続：エレクトレット・コンデンサ・マイク
J_2とcom接続：Mod OFF（ミュート）
ジャンパ・ピンなし：外部音声入力

T_1：10.7MHz用IFT
T_2, T_3：80MHz用コイル
（FCZ10S80または10T80）
X'tal：水晶振動子 25MHz

TA7358APG

1	2	3	4	5	6	7	8	9
RF IN	BY PASS	RF OUT	MIX IN	GND	MIX OUT	OSC MON	OSC	V_{cc}

MIX out 85.2M〜86.2MHz

VCO out 10.2M〜11.2MHz

X'tal out 75MHz

DC7〜12V

78L05

2SC2668

15V101

C_S 220p

音声入力切り替え用ピン・ヘッダ

外部音声入力端子

229

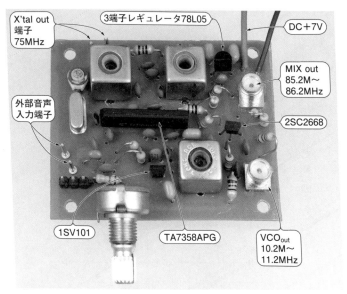

写真2　完成したFM放送帯トランスミッタ
VCO out から簡易 SG (Signal Generator) としても利用可能な 10.2 M〜11.2 MHz の信号
を取り出せる

● PCBEでプリント基板データを設計

　プリント基板は，フリーのプリント基板エディタ PCBE で設計
し，業者に発注しました．この PCBE のデータは，ダウンロー
ド・サービスで提供します．詳細は p. 252 を参照してください．

　プリント基板への部品の実装例を**図7**に，部品を実装して完成
した FM 放送帯トランスミッタを**写真2**に示します．

■ 調整と測定

　製作したトランスミッタを調整します．

● クラップ発振回路の発振周波数を調整する

　半固定抵抗器 (10 kΩ) で 1SV101 の制御電圧 (逆方向電圧) を 0 V

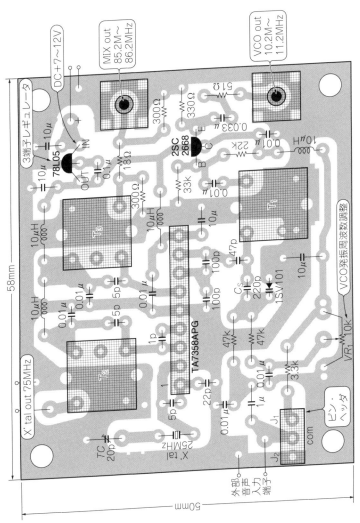

図7 FM放送帯トランスミッタの部品実装例

外部音声入力端子

VCO発振周波数調整

VCO out 10.2M〜11.2MHz

MIX out 85.2M〜86.2MHz

DC+7〜12V

3端子レギュレータ

X'tal out 75MHz

ピン・ヘッダ

58mm

50mm

78L05

2SC2668

TA7358APG

1SV101

TC 20p

X'tal 25MHz

VR_1 10k

C_S 220p

J_1

J_2

com

T_1

T_2

T_3

51Ω

330Ω

300Ω

22k

33k

47k

47k

3.3k

18Ω

300Ω

10μ

10μ

10μ

10μ

10μ

10μ

10μH

10μH

10μH

0.1μ

0.01μ

0.01μ

0.01μ

0.01μ

0.01μ

0.033μ

1μ

100p

100p

47p

22p

5p

5p

5p

1p

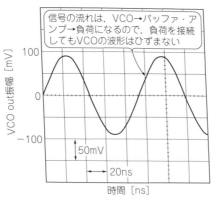

図8　完成したFM放送帯トランスミッタのVCO
out端子の出力波形
負荷インピーダンス50Ωで出力周波数10.7MHzのと
きの波形. ひずみの少ない正弦波が得られた

にし，T_1のコアを回して発振周波数を10.2MHzにします.

　次にVRで1SV101の制御電圧を5Vにして，発振周波数がおよ
そ11.2MHzになることを確かめます. 周波数範囲を広げる場合は，
C_Sの220pFを大きくします.

　図8は，負荷インピーダンス50Ωで出力周波数10.7MHzのとき
きの波形です. ひずみの少ない正弦波になっていることがわかり
ます.

● 水晶発振回路を調整する

　T_2のコアを右に回すとコアは下へ移動してインダクタンスL
は小さくなり，並列共振周波数f_0は低くなります. 逆にコアを左
へ回してコアの位置を上限にすると，インダクタンスは最大にな
ります.

　まずコアの位置を中ほどよりやや下にして，発振している
を確認します. 次にコアを左に回してインダクタンスを大きくし
ていくと，急に発振が停止します. コアの調整点は，発振が停止

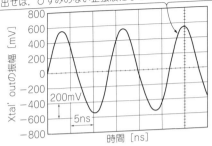

図9 FM放送帯トランスミッタの3次水晶発振回路の波形
25MHzの水晶発振子を3逓倍して75MHzの出力を得る．T_2と5pFの共振回路で3次オーバートーンのみを取り出すと，ひずみのない正弦波になる

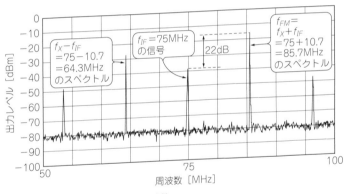

図10 MIX outピンからの出力の周波数スペクトル
水晶発振回路のf_X＝75MHzとVCOのf_{IF}＝10.7MHzをミキサの入力としたときの，出力の周波数スペクトル

するコアの位置から右に1回転したところにします．

図9に調整した3次水晶発振回路の波形を，図10にMIX outピンからの出力の周波数スペクトルを示します．

● VCOの周波数安定度

送信周波数は，**図11**のように電源ON後，最初の12分間で約5kHz高くなりましたが，その後の周波数の変化は100Hz程度でした．

■ 電波を送信してみる

● マイクと外部音声入力の切り替え

ピン・ヘッダで，エレクトレット・コンデンサ・マイクと，外部音声入力を選択できます．

音声を送信する場合は，音声入力切り替えピン・ヘッダのJ₁とcomをショートし，音声入力端子にエレクトレット・コンデンサ・マイクを接続します．MP3プレーヤなどの外部音声入力を利用する場合は，ピン・ヘッダをオープンにして機器を接続します．MIX outに10～20cmのアンテナ線を接続してFM電波を発射すると，室内のFMラジオに電波を送れます．　　＜鈴木 憲次＞

◆引用文献◆

・FMフロントエンドTA7358APGデータシート，東芝．

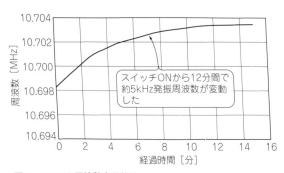

図11　VCOの周波数変動特性
スイッチONから12分間で約5kHz高くなった．その後の変動は100Hz程度

コラム　発振の条件

発振回路は，増幅回路と帰還回路で構成されています（図A）．
発振回路が発振するためには，次の条件が必要です．

① ゲイン条件

発振が持続するためには，出力電圧 V_O が減衰しないようにします．つまり帰還電圧 V_F が元の入力電圧 V_I より大きい，または等しくなるようにします．

発振回路の動作から「増幅回路の入力 V_I →増幅回路の出力 V_O →帰還回路の出力 V_F →増幅回路の入力 V_I 」と信号が一巡したとき，増幅回路の利得を A_V，帰還回路の帰還率を β として式を展開すると，

$V_F \geqq V_I$ なので，
$\beta V_O \geqq V_O / A_V$
したがって，
$A_V \beta \geqq 1$ ·· (1)

この式(1)がゲイン条件になります．

② 位相条件

ゲイン条件が成立し，さらに帰還電圧 V_F と入力電圧 V_I が同相でなければなりません．これを位相条件といいます．

<鈴木 憲次>

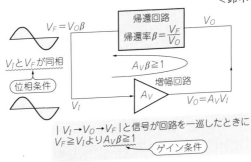

図A　発振回路が発振する条件

第3章

アマチュア無線用自作無線機に使える

広帯域　2M～50MHz
出力2W　RFパワー・アンプ

約10dBm（10mW）の信号を，30～36dBm（1～3W）の出力信号に増幅する，A級動作の2M～50MHz広帯域パワー・アンプです．

本器はアマチュア無線帯での送信機に応用できますが，実際にこのRFパワー・アンプを使って電波を発射するには，無線局の免許が必要です．そのため，特性の測定時はダミー・ロード（疑似負荷）を接続しています．

■ 回路

● RFパワーMOSFET RD06HVF1

本器の主役は，RFパワーMOSFET RD06HVF1（三菱電機）です．**写真1**に外観を，**表1**に電気的特性を示します．

このデバイスは，周波数が175MHzでAB級動作をさせる場合に，10W出力が得られます．2W出力のアンプ用としては出力に余裕があるように見えますが，広帯域2M～50MHzで使う場合のゲインの低下を見込むと，ちょうど良い出力です．

図1は，広帯域RFパワー・アンプのブロック図です．10dBm（10mW）の信号を，30～36dBm（1～3W）の出力信号に増幅するパワー・アンプに仕上げます．

● 抵抗アッテネータで広帯域マッチング

図2は，RD06HVF1を使った広帯域パワー・アンプの回路です．RFパワーMOSFETを広帯域動作にすると，動作周波数によって

初出：『トランジスタ技術』2017年12月号

写真1 RFパワー MOSFET RD06HVF1
175MHzでAB級増幅動作時に10Wを出力できる.

表1 RFパワー MOSFET RD06HVF1の電気的特性

項　目	記号	値	備　考
ドレイン-ソース間電圧	V_{DS}	50V*	$V_{GS}=0V$
ドレイン電流	I_D	3A*	
許容損失	P_D	27.8W*	
出力電力	P_o	10W	$\eta=65\%$
電力ゲイン	G_P	24dB	$P_i=0$dBm, $f=175$MHz

＊絶対最大定格

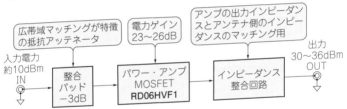

図1 広帯域RFパワー・アンプのブロック図
入力側は共振回路を設けずに広帯域(2M～50MHz)とするため, ミス・マッチングを緩和するための整合パッド(アッテネータ)を挿入する

入力インピーダンスが変化します. そこで, ゲインに余裕があることも考慮して, 入力整合回路を省略し, 代わりに整合パッド(アッテネータ)を入れます.

整合パッドの損失を3dBとすると, 図3(a)の出力側オープンの状態で, 入力側から見たインピーダンスZ_Oは約154Ωです. 図3(b)のように出力側ショートの状態のZ_Sは約17Ωです. インピーダンスを50Ωとすると, 最悪の場合でもSWR≒3になるので, 整合パッドによりSWRが改善されます.

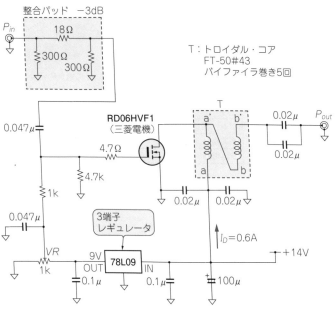

図2　本器の回路図
RD06HVF1を使用して2M～50MHzで1～3Wを出力する

　出力側は，有効に出力電力を取り出せるように，広帯域トランスでインピーダンス・マッチングを取っています．

● 交流負荷線を引いてRD06HFV1のA級動作点を求める

　図4(a)は，負荷がインダクタLのA級動作の回路です．直流負荷線は，ドレイン電圧$V_{DS} = V_D$なので，図4(b)で示すように電源電圧V_Dから垂直に引いた直線になります．

　ここで，RD06HVF1の負荷のインピーダンスをZ［Ω］として，交流負荷線を引いてみます．ドレイン電圧V_{DS}の最大値は，$2V_D$です．交流負荷線は，図4(b)のように，x軸上の$2V_D$から傾き-1／Zの直線になります．直流負荷線との交点が，A級動作させる場

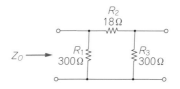

$$Z_O = \frac{R_1(R_2+R_3)}{R_1+(R_2+R_3)} = \frac{300 \times (300+18)}{300+(300+18)} \fallingdotseq 154\,\Omega$$

（a）出力側がオープンの状態のとき，入力側からみた
インピーダンスZ_Oは約154Ωになる

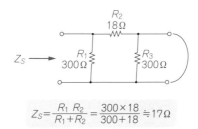

$$Z_S = \frac{R_1\,R_2}{R_1+R_2} = \frac{300 \times 18}{300+18} \fallingdotseq 17\,\Omega$$

（b）出力側がショートの状態のとき，入力側か
らみたインピーダンスZ_Sは約17Ωになる

図3　整合パッドによる広帯域マッチング（損失3dBの
場合）
負荷側が最悪の状態でも$SWR \fallingdotseq 3$となり，RD06HVF1 を保
護する

合の動作点Pです．

● RD06HVF1の負荷インピーダンスZの値を求める

出力信号の振幅は，**図4(b)**のように動作点Pを中心に振れます．
RD06HVF1に加わる電源電圧V_Dとドレイン電圧I_Dの最大値から，
出力電力P［W］を次の式で求めます．

$$P = \frac{V_D}{\sqrt{2}}\,\frac{I_D}{\sqrt{2}} = \left(\frac{V_D}{\sqrt{2}}\right)^2\frac{1}{Z} = \frac{V_D{}^2}{2Z} \quad\text{.....................................}\,(1)$$

この式(1)から出力電力 $P = 3\,\mathrm{W}$，電源電圧 $V_D = 10\,\mathrm{V}$ として RD06HVF1 の負荷インピーダンス Z を求めてみます．

$$Z = \frac{V_D^2}{2P} = \frac{10^2}{2 \times 3} \fallingdotseq 16.7\,\Omega$$

コラム　SWR とは

　高周波信号の伝送時，インピーダンス・マッチングが取れている $Z_0 = Z_L$ のときは，すべての電力は進行波として伝わります．しかし，図 A のように，ミス・マッチングになる $Z_0 \neq Z_L$ のときは，信号の一部が反射波となって伝送路上に戻り，進行波と反射波の合成された定在波ができます．

　この定在波の最大電圧 V_{max} と最小電圧 V_{min} の比を $VSWR$（Voltage Standing Wave Ratio：電圧定在波比）と呼び，インピーダンス・マッチングの善し悪しを表すパラメータとして用いられます．また $VSWR$ は，単に SWR（Standing Wave Ratio：定在波比）とすることが一般的です．

　SWR は，インピーダンスの関係から次の式で求めることもできます．

$$SWR = \frac{Z_L}{Z_o}$$

$$\text{または} SWR = \frac{Z_o}{Z_L} \,（\text{ただし} SWR \geqq 1）$$

　この式から，インピーダンス・マッチングが完全に取れているのときの SWR を求めると，$SWR = 1$ になります．しかし，高周波回路では，$SWR = 1$ にできないこともあります．そこで，$SWR = 1.5$ のときの反射波による電力損失は 4 ％なので SWR≦1.5 なら

● 非直線領域をさけて波形のひずみを減らす

前述の負荷インピーダンス Z を求める段階では，電源電圧 V_D を10Vとしました．計算で得られた特性から，電源電圧 V_D を再検討してみます．

表1の電気的特性から，RD06HVF1の V_{DS} の最大値は50Vです．回路のMOSFETに加わる V_{DS} の最大値は，電源電圧 V_D の2倍です．$2V_D<50$V の条件より，電源電圧 V_D は25V以下なら規格内

良好．$SWR=3$ のときの電力損失は25％なので $SWR\leqq3$ ならまあまあ良好とします．

インピーダンス・マッチングの善し悪しを反射波による電力損失にポイントをおいた，リターン・ロス（Return Loss：反射損失）で表すこともあります．リターン・ロスは，進行波と反射波の比をデシベル表示したものです．　　　　　　　　　　＜鈴木　憲次＞

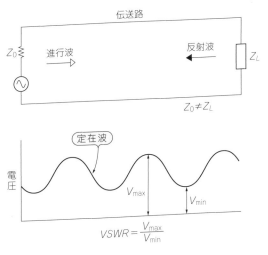

図A　SWRと定在波

241

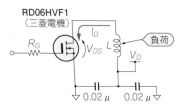

RD06HVF1
（三菱電機）

（a）インダクタ（L）を負荷とした
A級動作のRF増幅回路を検討
する

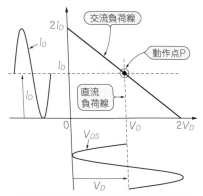

直流負荷線は電源電圧V_Dを通る垂直線.
交流負荷線は$2V_D$を通る傾き$\dfrac{1}{Z}$の線.
直流負荷線と交流負荷線の交点が動作点
Pとなる

（b）交流負荷線を引き，A級動作点の出力を求める

図4 アンプのA級動作点を求める

に収まります.

図5に，ドレイン電圧V_{DS}-ドレイン電流I_Dの特性を示します.
ドレイン電圧V_{DS}が3V以下の低電圧領域に，非直線領域が見られます．この非直線領域ではひずみます.

そこで，電源電圧V_Dを調整して，非直線領域を避けられるように設計を見直します.

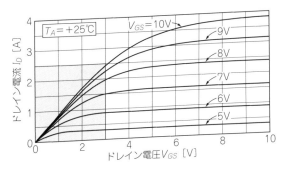

図5 RD06HVF1のV_{DS}-I_Dの特性
ドレイン電圧V_{DS}が3V以下の低電圧領域に非直線領域が見られる

図6の傾きは、$-1/16.7(=-1/Z)$です。左の線が$V_D=10\,\text{V}$のとき、右の線が$V_D=14\,\text{V}$のときの交流負荷線です。

電源電圧$V_D=10\,\text{V}$で動作点Pを中心とした波形は、非直線領域にかかるのでひずみます。電源電圧$V_D=14\,\text{V}$とし、動作点Pを右に移動したP′の動特性では、波形は非直線領域にかからないのでひずみません。この結果から、電源電圧V_Dを14Vとして設計します。

● **ドレイン損失P_Dを求める**

A級動作はドレイン損失が大きくなるので、熱対策が必要です。ドレイン損失P_Dを、**図6**の負荷線から求めます。

A級動作は信号の振幅に関係なく、ドレイン電圧とドレイン電流の平均は、それぞれV_DとI_Dです。

動作点P′はP($V_D=10\,\text{V}$)をx軸方向に移動したものなので、2つの点のI_Dは同じ値です。

そこで$V_D=10\,\text{V}$の負荷線からI_Dを求めると、

$$I_{DP}=\frac{2V_D}{Z}=\frac{20}{16.7}\fallingdotseq1.2\,\text{A}$$

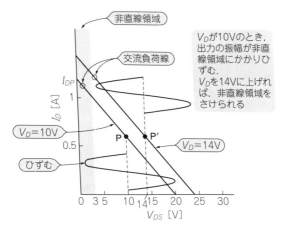

図6 左が V_D=10V, 右が V_D=14Vのときの交流負荷線
電源電圧 V_D=10Vで動作点をPとしたA級増幅回路は, 非直線領域があるのでひずんでしまう. そこで, 電源電圧 V_D=14Vにして動作点をP'に移動させ, 非直線領域を使わないようにしてひずまないようにする. この結果から, 電源電圧 V_D は14Vとする

$$I_D = \frac{1}{2}I_{DP} = \frac{1.2}{2} = 0.6\,\text{A}$$

電源電圧 V_D=14Vのときの, ドレイン損失PDは,

$$P_D = V_D I_D = 14 \times 0.6 = 8.4\,\text{W}$$

になります.

RD06HVF1の動作時には8.4Wぶんの熱が発生するので, 余裕を持って10Wクラスの放熱器か冷却ファンが必要です. 熱伝導シートとプラスチック・ネジで絶縁して, 50×40×30mmの放熱器に取り付けます.

● 動作点P'のドレイン電流IDを求める

図7( )に示す回路を使ってRD06HVF1のドレインにバイアス
電　　　　えます. I_D=0.6Aにするには**図7(b)**のドレイン電流-バ

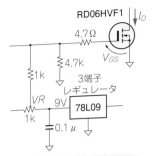

ゲートのバイアス電圧V_{GS}を
調整して，I_Dを0.6Aにする

(a) ゲートのバイアス電圧（V_{GS}）を
　　調整して，ドレイン電流（I_D）
　　を0.6Aにする

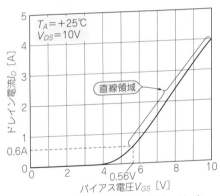

(b) ドレイン電流-バイアス電圧特性．V_{GS}を
　　0.56Vにするとドレイン電流I_Dが0.6A
　　になることがわかる

図7　RD06HVF1のバイアス回路

イアス電圧特性から，V_{GS}を約5.6Vにします．

　V_{GS}のわずかな変動でI_Dが大きく変化するので，3端子レギュレータ78L09で定電圧化した電圧を半固定抵抗器で分圧して加えます．

● インピーダンス変換用広帯域トランスの設計

パワー・アンプの出力インピーダンス Z は $16.7\,\Omega$ なので，広帯域トランスでインピーダンス変換します．

ここでは巻き数比が $1:2$，インピーダンス比は $1:4$ になる広帯域トランスを使います．インピーダンス比は，$16.7\,\Omega:66.8\,\Omega$ です．このときの SWR は，$1.33(\doteqdot 66.8\,\Omega/50\,\Omega)$ となりますが，$SWR<1.5$ なので良好と言えます．

■ 製作

● 広帯域トランスを作る

トロイダル・コアは，アミドンの FT-50#43 を使用しました．このコアの特性は，巻き数比が $1:2$ のときの損失は $-3\,dB$，周波数範囲は $6\,M \sim 300\,MHz$ です．このほかの広帯域トランスに適したコア材として，FT-50#61 や FT-50#77 なども使えそうです．

広帯域トランスの作り方を，**図8** に示します．2本よじった ϕ $0.29 \sim 0.4\,mm$ のポリウレタン線をトロイダル・コア（FT-50#43）の中に5回通します（巻き数5回のバイファイラ巻き）．a′ と b を接続して3つの端子「a」「a′＋b」「b′」とすれば，インピーダンス

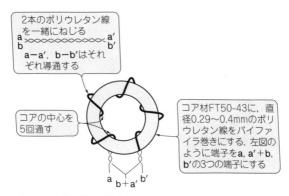

図8 出力側の広帯域トランス

が$16.7\Omega : 66.8\Omega$の広帯域トランスになります.

● プリント基板

　プリント基板は，プリント基板エディタPCBEで作ったデータを元に，業者に製作を依頼しました．この基板のデータは，ダウンロード・サービスで提供します．詳細はp. 252を参照してください.

　図9は，部品面から見た部品取り付け図と基板のプリント・パターン図です．入出力は，SMA-Jコネクタとしました.

　写真2は完成したRFパワー・アンプです.

■ 調整と特性測定

● ドレイン電流を調整する

　半固定抵抗VRを調整して，ドレイン電流I_Dを0.6Aにします．調整中にVRを最大にして電圧が9Vになっても，抵抗$1\mathrm{k}\Omega$と$4.7\mathrm{k}\Omega$の分圧によりバイアス電圧V_{GS}は7.4Vです．VRを最大にしても，ドレイン電流I_Dは最大でも2A以下に抑えられるので，RD06HVF1の最大定格3Aを超えることはありません.

● 入出力特性を測定する

　図10は，入力電力P_Iと出力電力P_Oの特性です．動作周波数f=3MHzで入力電力P_I=0dBmのとき，出力電力P_O=24dBmだったので，電力ゲインG_P=24dBです．なお，周波数が3M〜10MHzの範囲では，ほぼ同様の特性となりました．出力電力P_O=30dBm=1Wのときの入力電力P_Iは，6dBです.

　図11に，出力電力1Wのときのスプリアスを示します．第2高調波は-29dB，第3高調波は-45dBでした．実際に送信回路として使用するときは，LPF(ローパス・フィルタ)で高調波を減衰させてください.

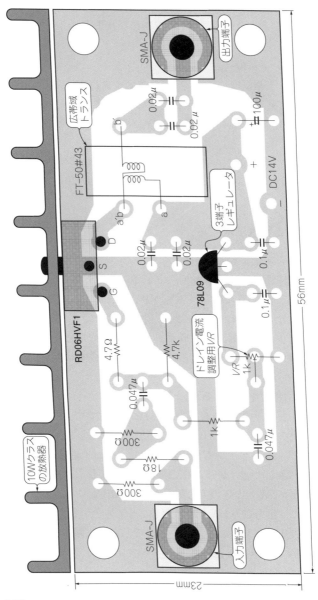

図9 本器の部品実装図

248

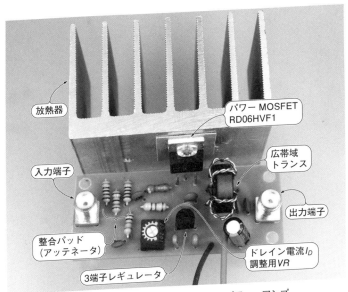

写真2 完成した広帯域2M〜50MHz 出力2W RFパワー・アンプ
ドレイン損失P_Dが8.4Wになるので放熱器は必須. 出力は1〜3W

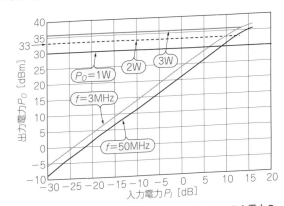

**図10 完成したRFパワー・アンプの入力電力P_iと出力電力P_O
の特性**
出力P_O=1Wになるときの入力電力は, 3MHzではP_i=6dBm,
50MHzではP_i=9dBmとなった

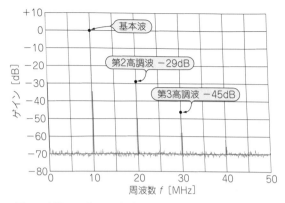

図11　本器のスプリアス特性
出力 P_0＝1W，周波数10MHzのときのスプリアス

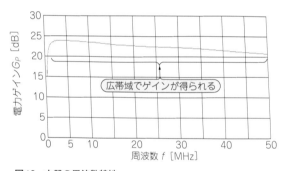

図12　本器の周波数特性
電力ゲイン G_P は，2M～10MHzで約24dB，50MHzでは21dBになる

● 周波数特性を測定する

　図12は，1M～50MHzの周波数特性です．このグラフを見ると，目標の2M～50MHzの広範囲でゲインが得られていることがわかります．ただし，f＝1MHzの低い周波数で，電力ゲインが大幅低下しています．f＝50MHzの高い周波数でも，電力ゲインが21dBに低下しています．

　広帯域トランス T のコアの材質や巻き数を変更すると周波数

特性を1MHzまで伸ばせますが，高周波領域での電力ゲインが低下します.

＜鈴木 憲次＞

◆引用文献◆

・RD06HVF1データシート，三菱電機(株)

記事で紹介した作品に使うデータのダウンロード

　本書に掲載した記事の基板CADデータやプログラムなどは，次のURLよりダウンロードしていただけます．

https://shop.cqpub.co.jp/hanbai/books/50/50481.html

　「■ ダウンロード・データ(zipファイル)」をクリックするとzip形式のファイル「amfmradio.zip」がダウンロードできます．ダウンロードしたファイルを展開してお使いください

　ここに掲載しているデータを動かすためには，ソフトウェアウェアが必要です．次のURLより各自でダウンロードして，パソコンにインストールしてください．

プリント基板エディタ
KiCAD
https://kicad.org/download/
PCBE　作者：高戸谷 隆さん(Vectorよりダウンロード)
https://www.vector.co.jp/soft/winnt/business/se056371.html

索　引

著者略歴

加藤 高広(かとう・たかひろ)
千葉工業大学電子工学科卒
東京三洋電機(株)半導体事業部．バイポーラ・リニヤIC の設計開発．
秩父セメント(株)中央研究所．各種センサおよびセンサを使った電子機器開発．
(株)エー・アンド・デイ 開発部．電子計量器，無線ネットワーク機器の企画開発．
現在は退職しフリーランス．
「エレクトロニクスは実用の科学である」をモットーに，作って試す電子工作を楽しんでいる．さまざまに楽しんだ成果はBlogでも公開中．http://ja9ttt.blogspot.com/

肥後 信嗣(ひご・のぶつぐ)
1966年横浜生まれ．
明治大学工学部精密工学科卒．
国内外の企業で主にPC周辺機器の開発に携わり，回路設計，組み込みソフト開発等を担当．
2015年SLDJ合同会社を設立．電子機器の開発，試作，技術教育などを行う．
ブログ：http://dj-higo.cocolog-nifty.com/blog/

鈴木 憲次(すずき・けんじ)
おもな著書
・高周波回路の設計・製作，1992年10月，CQ出版
・ラジオ＆ワイヤレス回路の設計・製作，1999年10月，CQ出版
・トランジスタ技術SPECIAL 基礎から学ぶロボット製作の実際，2004年6月，CQ出版
・オールバンド・パソコン電波実験室 HDSDR & SDR#，2020年1月，CQ出版
・電子回路概論，2015年9月，実教出版(監修)

CQ文庫シリーズ
手作りで電波を楽しむスタート・ライン！
AM/FMラジオ&トランスミッタの製作集

2021年4月15日　初版発行　　　　　　　　　　© CQ出版株式会社 2021

編　集　トランジスタ技術編集部
発行人　小澤　拓治
発行所　CQ出版株式会社
東京都文京区千石4-29-14(〒112-8619)
電話　出版　　03-5395-2123
　　　販売　　03-5395-2141

編集担当　沖田　康紀
カバー・表紙デザイン　株式会社ナカヤデザイン
DTP　美研プリンティング株式会社
印刷・製本　三共グラフィック株式会社
乱丁・落丁本はご面倒でも小社宛お送りください．送料小社負担にてお取り替えいたします．
定価はカバーに表示してあります．
ISBN978-4-7898-5048-3
Printed in Japan